Gartennostalgie

Gartennostalgie

Gefäße und Gitter
Gartenmöbel
Accessoires
Figuren und Objekte

Text
Inès Heugel

Fotos
Christian Sarramon

Christian Verlag

Aus dem Französischen übersetzt von Karola Bartsch
Redaktion und Herstellung: Annika Preyhs, Berlin
Umschlaggestaltung: Caroline Daphne Georgiadis, Daphne Design

www.christian-verlag.de

Die Originalausgabe mit dem Titel *Dans les jardins de nos grands-mères* wurde erstmals 2003 im Verlag Éditions du Chêne – Hachette Livre veröffentlicht.

Text: Inès Heugel
Fotos: Christian Sarramon
Redaktionsleitung: Odile Perrand
Künstlerische Leitung: Sabine Houplain und François Huertas

Druck und Bindung: Tien Wah Press (Pte.) Ltd.
Printed in Singapore

ISBN 3-88472-640-4

Hinweis: Alle Informationen und Hinweise, die in diesem Buch enthalten sind, wurden von den Autoren nach bestem Wissen erarbeitet und von ihnen und dem Verlag mit größtmöglicher Sorgfalt überprüft. Unter Berücksichtigung des Produkthaftungsrechts müssen wir allerdings darauf hinweisen, dass inhaltliche Fehler oder Auslassungen nicht völlig auszuschließen sind. Für etwaige fehlerhafte Angaben können Autoren, Verlag und Verlagsmitarbeiter keinerlei Verpflichtung und Haftung übernehmen.

Korrekturhinweise sind jederzeit willkommen und werden gerne berücksichtigt.

8

Gefäße und Gitter

10 Tönerne Töpfe und Krüge
16 Medici-Vasen
20 Gefäße und Urnen aus Stein
24 Übertöpfe aus Metall
29 Objekte aus Draht
30 Holzbottiche
35 Zinkbehälter
36 Blumentreppen und -ständer
38 Spaliere
41 Pergolen und Laubengänge
46 Zäune und Geländer

Gartenmöbel

54 Stein
61 Holz
68 Zement und Beton
73 Gusseisen
74 Parkbänke
79 Schmiedeeisen
82 Rattan und Bambus
86 Korbweide
88 Der Lloyd Loom
91 Edelkastanie und andere Asthölzer
94 Liegestühle
98 Klappstühle
100 Hängematten und Sonnenschirme

52

104

Accessoires

106 Lampen und Laternen
112 Spiele im Freien
116 Volieren und Vogelkäfige
122 Nisthöhlen, Futter- und Badeplätze für Vögel
126 Vogelscheuchen
130 Körbe, Kästen und Kiepen
132 Gartengeräte
140 Glocken, Gewächshäuser und Gießkannen
146 Schub- und Sackkarren

Figuren und Objekte

150 Pavillons und Gartenhäuser
156 Statuen
160 Obelisken und Kugeln
162 Architektonische Elemente
166 Wetterfahnen und Dachreiter
170 Tierskulpturen
174 Gartenzwerge
178 Brunnen

148

Tönerne Töpfe und Krüge

Medici-Vasen

Gefäße und Urnen aus Stein

Übertöpfe aus Metall

Objekte aus Draht

Holzbottiche

Zinkbehälter

Gefäße und Gitter

Blumentreppen und -ständer

Spaliere

Pergolen und Laubengänge

Zäune und Geländer

Tönerne Töpfe und Krüge

OBEN LINKS

Große tönerne Urne mit Posament und flammenförmigem Verschluss.

OBEN MITTE

Die unterschiedlichen Formen und die heterogene Farbgebung machen die Schönheit dieser spanischen Krüge aus.

RECHTE SEITE

Einem Wachtposten gleich erhebt sich das riesige Vorratsgefäß mit seiner ausladenden Form neben dem mehrhundertjährigen Baum.

Angefangen beim kleinsten Blumentopf bis hin zu den großen glasierten Krügen sind Tonwaren aus Gärten kaum wegzudenken. Das seit der Jungsteinzeit im gesamten Mittelmeerraum praktizierte Töpferhandwerk variiert je nach Land und sogar Landstrich abhängig von der Farbe des Tons, der Kunstfertigkeit, den verschiedenen Techniken und Traditionen. So hebt sich der in Italien verarbeitete Ton in seiner schönen Dunkelrosafärbung von dem helleren spanischen oder dem pudrig wirkenden griechischen ab, während sich Portugal mit bunten Glasuren hervortut. In Erd- und Grüntönen präsentieren sich die Töpferwaren aus dem französischen Rhonetal, der Provence und dem Languedoc. Eher nüchtern und schmucklos nehmen sich dagegen die schwarz, grün und dunkelrot bemalten Erzeugnisse aus der Auvergne aus. Im Elsass, in der Normandie, im Beauvaisis sowie in der Puisaye schließlich wird Steingut produziert. Und in einigen dieser Landstriche stellt man seit mittlerweile mehreren Jahrhunderten auch eigens für den Garten bestimmte Gefäße her, während in Deutschland hauptsächlich Tonwaren für Haushaltszwecke gefertigt wurden.

Das Städtchen Biot in den französischen Meeralpen ist für seine Tonkrüge bekannt. Im 15. Jahrhundert siedelten sich dort sechzehn Genueser Familien an und fertigten Ölkrüge, Getreide- und Waschgefäße. Dank einer besonderen, mit einem Seilzug ausgestatteten Drehscheibe konnten die Töpfer aus dem grob-festen, hellockerfarbenen Ton sehr große Teile herstellen. Im 16. Jahrhundert gingen sie dazu über, den Rand mit einer Glasur zu überziehen. Die weit ausgebuchteten, runden, ovalen oder nach oben hin sich verjüngenden Krüge, die für Keller und Gewölbe gedacht waren, hielten Frost und Wetterschwankungen bestens stand.

Im Jahr 1610 ließen sich Töpfer in Anduze, einem kleinen Dorf in den Ausläufern der Cevennen, nieder. Ihre Spezialität waren dekorative und gleichfalls frostfeste Krüge. Im Zuge ihrer Handelsbeziehungen zu Ligurien entdeckten die Töpfer vermutlich die Medici-Vasen, denn schon im 17. Jahr-

LINKS

Eine Reihe schlichter Tontöpfe, patiniert nach alter Art.

FÜR FLOHMARKTGÄNGER UND ANTIQUITÄTENLIEBHABER

Der Wert alter Keramiken hängt in erster Linie davon ab, wie gut sie erhalten sind. Beschädigte Glasuren, Bruchstellen und unsachgemäße Ausbesserungen mindern den Wert. Bisweilen wird auch auf alt getrimmte Töpferware angeboten, sodass es sich lohnt, genauer hinzusehen.
Auf alten Krügen aus Biot steht weder der Name des Töpfers noch das Herstellungsdatum. Manchmal taucht allerdings ein Malteserkreuz, das Monogramm IHS, eine Lilie oder Ähnliches auf.
Die Töpfer aus Anduze dagegen versahen ihre Waren mit Signaturen auf dekorativen Medaillons.

hundert versahen sie ihre Krüge mit einem Fuß und verzierten sie mit kleinen Tafeln und Girlanden. Der beige Grundton wurde mit Engobe erzielt, die Tafeln wurden grün, die Girlanden braun überzogen. Bleioxid, das bei 1000 °C sintert, brachte den Glanz. Seit drei Jahrhunderten wird das Wissen der Töpfer von Anduze von Generation zu Generation vererbt. Einziges Zugeständnis an die Moderne sind die mittlerweile maschinell betriebenen Drehscheiben und Gasöfen.

1620 siedelten sich aus Moustiers stammende Keramiker in Aubagne in der Rhonemündung unweit der Grube von Saint-Zacharie an, wo ihnen ein hervorragender Ton zur Verfügung stand. Sie verlegten sich auf die Herstellung von Vorrats- und Transportgefäßen für Oliven, Wasser oder Wein. Rasch machten sie sich mit ihrem Können einen Namen und lieferten ihre formschönen, meist einfarbigen Krüge, die mit einer Lasurfarbe überzogen und mit Zopfmustern, Girlanden und Rillen verziert wurden, nach Italien. Es entstanden weitere Manufakturen; im 19. Jahrhundert waren es 65 an der Zahl. Im 20. Jahrhundert nahm der Umfang der Produktion ab, doch halten die Töpfer von Aubagne bis heute ihren hohen Qualitätsstandard und fertigen nach alten Modellen in den Farben Blau, Honiggelb, Türkis, Zartgrün und Weiß.

Am robustesten aber scheinen die Krüge und Töpfe aus Impruneta, einer kleinen toskanischen Stadt nahe Florenz, zu sein, wo der Ton sehr hochwertig ist. Die schon zu Zeiten der Etrusker als Zentrum des Töpferhandwerks bekannte Stadt, in der sich die Keramiker 1308 in einer Innung zusammenschlossen, ist bekannt für ihre Ziegel (etwa auf der Kuppel des Florentiner Doms) und Töpfe, die einer Temperatur von bis zu –30 °C standhalten. Der Ton aus Impruneta wird wegen seines hohen Gehalts an Eisenoxid und Kalziumkarbonat auch Terra turchina oder »blauer Ton« genannt. Die in der Regel glattwandigen, mit Festons und Girlanden verzierten Töpfe gibt es in allen Größen.

ZUM RESTAURIEREN UND SELBERMACHEN

Gebrannter Ton wird mit Seifenlauge gereinigt.
Ob der Topf frostbeständig ist oder nicht, lässt sich bei alten Fundstücken nicht im Voraus sagen.
Am zerbrechlichsten sind sehr poröse Keramiken. Vorteilhaft ist eine Öffnung am Topfboden. Im Zweifelsfall sollte man die Töpfe im Winter unterstellen, oder man umwickelt sie mit Stroh und umhüllt sie mit Folie.
Ein Sprung oder eine Bruchstelle wird mit Zement oder Spachtelmasse ausgebessert und mit Ton oder Sand glatt gestrichen.
Um einem neuen Topf eine alte Patina zu verleihen, kann man ihn mit Milch oder Joghurt bestreichen.

RECHTE SEITE UND NACHFOLGENDE DOPPELSEITE

Ob ausgestellt oder gerade, mit weiter oder schmaler Öffnung, glatt, dekoriert oder geriffelt, bepflanzt oder unbepflanzt – schon seit der Frühantike haben Tontöpfe in den Häusern und Gärten des Mittelmeerraums ihren Platz.

Medici-Vasen

Im 16. Jahrhundert erweckte die Familie Medici in Rom diese formvollendete Vase mit abgeflachtem Kegelfuß und einer großen, kelchartigen Öffnung zu neuem Leben. Die Metallvase aus der zweiten Hälfte des 1. Jahrhunderts v. Chr. war den neuattischen Vasen nachempfunden, die vier Jahrhunderte zuvor in Griechenland gefertigt wurden. Seitlich waren die Vorbereitungen für den Trojanischen Krieg und das Opfer von Iphigenie im Relief abgebildet. Betört von der Eleganz dieser Vase, ließen die Medici sie für den Giardino di San Marco, die Gärten ihrer Villen in Careggi und Fiesole sowie für die Villa Giulia bei Rom nachbilden. Dort wurde sie im darauf folgenden Jahrhundert auch von französischen Künstlern entdeckt, die sich an der 1666 von Colbert gegründeten Académie de France aufhielten und das Modell ihrerseits nachahmten. Diese Kopien waren für französische Adelssitze und in ihrer feinsten Ausarbeitung natürlich für Versailles und Marly bestimmt. Dutzendweise säumten die von so bedeutenden Künstlern wie Claude Ballin entworfenen, in Marmor, Bronze, Blei und Sandstein gefertigten und mit Rippenmuster, Mäandern, Girlanden, Chimären, weiblichen Sphinxen, Drachen, mythologischen oder kriegerischen Szenen verzierten Vasen die Alleen königlicher Parks. Für die Königsgemächer ließ Le Brun sogar Ausführungen in Silber anfertigen.

Das mittlerweile zweitausendjährige Modell, das seit vier Jahrhunderten unter der Bezeichnung Medici-Vase bekannt ist, setzt seine ruhmreiche Karriere bis heute weltweit fort, sei es als bescheidene Terrakottaausgabe oder als prächtige Bronze. Zur Besichtigung des Originals allerdings muss man sich in die Uffizien von Florenz begeben.

FÜR FLOHMARKTGÄNGER UND ANTIQUITÄTENLIEBHABER

Viele Hersteller bieten heutzutage Medici-Vasen aus Metall an, darunter sogar welche, die die Fabrik bereits mit einer Rostschicht verlassen! Achtung also vor Antiquitäten, die keine sind! Medici-Vasen, die paarweise angeboten werden, sind immer teurer als Einzelstücke.

UNTEN

Modelle von Medici-Vasen aus einem Katalog der Hauts-Fourneaux, Fonderies et Ateliers de Construction de Tusey (Département Meuse), 1897.

RECHTE SEITE UND NACHFOLGENDE DOPPELSEITE

Ob aus Terrakotta, Metall oder Stein: Die elegante, wohlgestaltete Medici-Vase hat seit dem 1. Jahrhundert v. Chr. nicht an Reiz eingebüßt.

Gefäße und Urnen aus Stein

UNTEN UND RECHTE SEITE

Vasen aus behauenem Stein erfreuten sich im 18. Jahrhundert großer Beliebtheit: als geschlossene Urne, blumengefülltes Gefäß oder Obstkorb.

Ob in der Villa Balbianello am Comer See oder auf den Terrassen von Powis Castle in Großbritannien, in El Retiro bei Málaga oder auf Schloss Brécy in der Normandie: Steinerne Urnen und Gefäße zeigen Terrassierungen und Perspektiven an, sie säumen Treppen, zieren Brüstungen und sind mit ihren symmetrisch gerundeten Formen neben Brunnen und Statuen Teil einer überaus reizvollen ornamentalen Trias in den Gärten Europas. Naturstein, der eine dekorative Patina ansetzt und im Laufe der Zeit auch von Moosen und Flechten überzogen wird, harmoniert mit der Vegetation. Manche Gesteine gelten als besonders wertvoll, so etwa der harte, gemaserte Marmor, der rund um das Mittelmeer abgetragen wird. Aus dem weißen Stein wurden griechische Tempel und römische Statuen gebaut, italienische Renaissance-Gärten und die Brunnen von Versailles. Dem Marmor verwandt und ebenso hart wie dieser ist Granit, den man in feinen Grauschattierungen u. a. in Deutschland, Österreich und Frankreich, in Rosaschattierungen in Deutschland, Spanien und Italien findet und der, wenngleich in geringerem Maße, auch Bildhauer in Italien und Irland inspiriert hat. Der italienische Baumeister Alberti, ein universal gebildeter Mensch der Renaissance, empfahl allerdings schon im 15. Jahrhundert, für Vasen und Urnen Kalkstein zu verwenden, der besser zu Pflanzen und Blumen passe als der in seinen Augen zu kühle Marmor oder Granit. Nicht zuletzt wegen seiner Verfügbarkeit steht Stein als Gartenornament unangefochten an erster Stelle. Vom Kalkstein Istriens über die Kalkgesteine der Île-de-France und der Bourgogne bis hin zum harten Stein Portlands sind sämt-

FÜR FLOHMARKTGÄNGER UND ANTIQUITÄTENLIEBHABER

Es ist ratsam, das Gefäß auf Sprünge zu überprüfen: Eine gesprungene steinerne Vase kann bei Frost bersten. Aus demselben Grund sollte im Winter auch kein Wasser in steinernen Gefäßen stehen.
Granit ist ein ausgesprochen hartes Gestein, das allerdings in geschliffenem Zustand keine Patina ansetzt und immer aussieht wie neu.
Frisch gefertigte Modelle aus Werkstein bieten wenig ästhetischen Reiz, setzen jedoch, wie Naturstein auch, schnell Flechten und Moose an. Mit der Zeit sind sie von echtem Stein kaum zu unterscheiden.
Bei Altstoffsammlern findet man unter Umständen auch Zisternen, Brunnen, Gartenbehälter, Wassertröge, Mörtelkübel, Tränken, Futterkrippen oder Weihwasserbecken.

LINKE SEITE

Verschiedene steinerne Zierelemente sind zu einem bunten Ensemble zusammengestellt: ein Mörser, ein rechteckiges Pflanzgefäß, ein Fleuron und eine allegorische Figur.

UNTEN

Ab Mitte des 18. Jahrhunderts trat Werkstein immer häufiger an die Stelle echten Gesteins. Er ist kostengünstiger und setzt ebenso gut Patina an wie echter Stein.

liche Gesteinsarten in allen erdenklichen Schattierungen für die Bildhauerei verwendet worden.

Im Unterschied zur Urne, die in der Antike zum Wasserschöpfen oder zur Aufbewahrung der Asche eines Verstorbenen diente und eher ein großes Gefäß bezeichnet, handelt es sich bei der Vase mehr um einen Oberbegriff. Seit der Renaissance ist die Medici-Vase (siehe S. 16) in ihren zahllosen Varianten, auch mit Deckel und Griffen, weit verbreitet. Angesichts der sehr harmonischen Form und der mitunter reichen Verzierungen aus steinernen Blumen und Früchten kann man sogar darauf verzichten, sie zu bepflanzen. In der Renaissance war sie vor allem mit Girlanden und Szenen aus der Mythologie bestückt, Schmuckelemente, die im 17. Jahrhundert in Frankreich zur Vollendung geführt wurden, während im darauf folgenden Jahrhundert die Eleganz des Rokoko mit seinen asymmetrischen, lebhaften Kompositionen dominierte. Überaus gefragt waren die Urnen klassischen Stils im England des 18. und 19. Jahrhunderts.

Ende des 19. Jahrhunderts dann traten andere Objekte und Formen an die Stelle der mittlerweile als wenig originell empfundenen Vasen. Nun hielten Zisternen, Fässer, Waschkübel und steinerne Sarkophage – Gefäße in Form kleiner Särge – Einzug im Garten.

ZUM RESTAURIEREN UND SELBERMACHEN

Ein stark verschmutzter Stein wird mit einer verdünnten Ammoniaklösung (1 Teil Wasser, 2 Teile Ammoniak) kräftig geschrubbt.
Die Farbe lässt sich mit einer Mischung aus Leinöl und Terpentinlösung wieder auffrischen. Im Handel sind außerdem Imprägniermittel für eine bessere Frostbeständigkeit erhältlich.

WERKSTEIN UND ZEMENT

Ab 1760 trat Werkstein in Konkurrenz zu Naturstein. Im 19. Jahrhundert ermöglichte die Produktion kleiner Serien von Objekten aus dem kostengünstigen Material der Bürgerschicht, den Gartenschmuck der Aristokratie zu imitieren. Dieser unechte Stein aus Marmor- oder Kieselstaub, den man mit Zement vermischt in kunstvolle Holzformen gießt, lässt sich zu sämtlichen Vasenformen und -dekors verarbeiten. Sie werden in Italien, Frankreich oder auch England produziert, das für zwei sehr begehrte Werksteine bekannt ist: Chillstone und Haddonstone. Vasen aus Zement werden von Handwerkern vielfach vor Ort im Garten gefertigt, etwa während der Ausführung anderer Arbeiten wie dem Bau von Treppen oder Balustraden. Zum Teil werden sie aber auch in Fabriken hergestellt und stückweise verkauft.

LINKS

Zwei gusseiserne Schalen aus dem ausgehenden 19. Jahrhundert.

UNTEN

Gusseiserne Vase mit zwei zu Salamandern geformten Griffen.

Übertöpfe aus Metall

ZUM RESTAURIEREN UND SELBERMACHEN

Blei ist schwer, weich und unverwüstlich. Unter Lufteinwirkung bildet sich eine Schicht Bleioxid, die das Metall vor weiterer Oxidierung schützt. Zum Reinigen verwendet man eine Terpentinlösung und wischt mit klarem Wasser gründlich nach.
Eine eiserne Vase wird aufgearbeitet, indem man sie mit einer harten Bürste abschrubbt und unverdünntes Anitoxidationsmittel mit einem Tuch aufträgt. Nach einer Einwirkzeit von zwei Stunden abspülen und trockenwischen. Mit Lack oder Farbe bestreichen.
Eine neu aussehende Vase wird patiniert, indem man mit einem Wattebausch ein Oxidationsmittel aufträgt.

FÜR FLOHMARKTGÄNGER UND ANTIQUITÄTENLIEBHABER

Blei- und Eisengefäße aus dem 17. und 18. Jahrhundert sind mittlerweile außerordentlich selten und folglich sehr teuer. Die heutigen, etwas leichteren Modelle sind nicht mehr genietet, sondern verschweißt.

Die Verwendung von Blei ist bereits durch Zeugnisse aus der Frühantike belegt. Griechen und Römer benutzten es für den Häuserbau und ihre Bewässerungsanlagen. Im Mittelalter wurden die bunten Fenster der Kathedralen mit Blei eingefasst. Aber erst im 17. und 18. Jahrhundert kam es in größerem Umfang im Kunsthandwerk und namentlich bei der Fertigung von Urnen und Gartengefäßen zum Einsatz. Das wetterfeste Metall entwickelt mit der Zeit eine sehr natürlich wirkende silbergraue Patina. Unter den vielen, mit Laubgirlanden und mythologischen Themen verzierten Medici-Vasen in den Gärten von Versailles und Marly sind mehrere aus Blei. Teils ist das Metall naturbelassen, teils vergoldet.
Ab dem 19. Jahrhundert wurde Blei im Zuge der Entwicklung der Metall verarbeitenden Industrie im großen Maßstab verwendet. Das preiswerte Material wurde in leuchtenden Farben oder als Steinimitat bemalt. Bei so genannten Zierobjekten allerdings setzte sich nach und nach Gusseisen durch. In den Eisenhütten von Tusey im Val d'Osne produzierten Colas Frères, Nestor Martin und andere unzählige Modelle von bemalten oder lackierten gusseisernen Vasen, Blumenkästen (so genannten »Jardinières«) in allen erdenklichen Formen und Stilrichtungen, die ein schlichter Fries oder ein ausgefeiltes Dekor zierte. In England sind guss- und schmiedeeiserne Produkte in den viktorianischen Gärten allgegenwärtig.

RECHTE SEITE

Oben eine Metallvase mit breitem Rand, Ende 19. Jahrhundert. Unten links ein großer Metalltopf nach Art antiker Krüge aus gebranntem Ton. Der aus dem 19. Jahrhundert stammende schmiedeeiserne Korb unten rechts ist den Medici-Vasen nachempfunden.

NACHFOLGENDE DOPPELSEITE

Auf der linken Seite ein mit einer Rosette verzierter Blumentopf aus Blei. Auf der rechten Seite oben links und unten rechts einige gusseiserne Blumenkästen und -töpfe aus einem Bestattungskatalog. Oben rechts die Nachbildung einer eleganten, zum Rand hin breiter werdenden Schale mit Griffen.

BLUMENKÄSTEN UND ÜBERTÖPFE FÜR BESTATTUNGSZWECKE

Betrachtet man sich Versandkataloge, wie sie in Frankreich um 1900 von den großen Metallgießereien im Norden und Osten herausgegeben wurden, so ist auffällig, wie viele eigens für Grabstätten entworfene, ausgefeilte Vasen und Blumentöpfe man darin findet. Ob aus Holz, Guss- oder Schmiedeeisen, mit Henkeln oder Ringgriffen, mit oder ohne Fuß: In der Regel sind sie mit raffinierten Korbflecht- oder Netzmustern dekoriert. Seltener ist dagegen die Darstellung menschlicher Figuren, die auch dezenter ausfällt als bei dekorativen Vasen anderer Art.

ZUM RESTAURIEREN
UND SELBERMACHEN

Ältere, nicht verzinkte Objekte haben häufig Rost angesetzt. Es empfiehlt sich, sie kräftig abzubürsten und eventuell einen Schutzlack aufzutragen.

Objekte aus Draht

LINKE SEITE

Dieses ausgefallene Gestell aus Eisengitter und Draht ist auf jeder Etage mit diversen Steingartengewächsen bepflanzt.

OBEN

Alte Salatkörbe aus Draht sind heute gesuchte Objekte für Sammlungen jeder Art.

Kunsthandwerklich reizvoll ist auch die Verarbeitung von Draht, etwa zu Körben für Obst, Eier, Schnecken, Salat oder Muscheln, für Flaschen oder Gläser, sei es als dekorativer Wandschmuck oder als luftiges Gefäß, durch das sich wilde Gräser oder Blumen ranken.

Die aus der Slowakei stammenden Drahtkünstler, die ursprünglich Töpferwaren reparierten, verwendeten ihr Können schon bald darauf, Haushaltswaren zu fertigen. Sie bereisten Russland, Deutschland, Frankreich und überquerten schließlich auch den Atlantik, um ihr Handwerk in den Vereinigten Staaten bekannt zu machen. Von der Herstellung reiner Gebrauchsgüter wie Siebe, Körbe und Schädlingsfallen verlegten sie sich mehr und mehr auf anspruchsvollere Zierobjekte wie Schalen, Vasen, Spielzeug, Körbe oder Flaschenträger. Zu Beginn des 20. Jahrhunderts zählte der Berufsstand rund 1000 Handwerker. Es entstanden zahlreiche Werkstätten, die die Kaufhäuser belieferten und alles in ihrem Repertoire hatten, was sonst von Hausierern feilgeboten wurde. Die Objekte wurden immer raffinierter, die Werkstätten überboten sich gegenseitig an Einfallsreichtum und Virtuosität. Manche erinnern mit ihren meisterlichen Flechtarbeiten an Korbwaren, andere sind genauso verziert wie schmiedeeiserne Schilder, wieder andere ähneln mit ihren Troddeln und Spiralen Posamenten. Für besondere Anlässe, Hochzeiten vor allem, beauftragten Privatleute einen Handwerker, der seine Ehre daransetzte, etwas Originelles zu schaffen, ein Meisterstück gewissermaßen. So bildeten Kerzenständer, Kronleuchter und Körbe regelrechte drahtene Klöppelarbeiten, die stolz zu Hause aufgestellt und von Generation zu Generation weitervererbt wurden, während Gebrauchswaren irgendwann das Zeitliche segneten. Da die Gegenstände nur selten verzinkt waren und daher leicht korrodierten, wichen sie mit der Zeit solchen aus haltbareren Materialien wie Edelstahl oder Kunststoff. Mit Beginn des 20. Jahrhunderts schlossen die letzten Werkstätten ihre Pforten.

FÜR FLOHMARKTGÄNGER
UND ANTIQUITÄTENLIEBHABER

Den unzähligen Utensilien aus Draht, die um 1900 gefertigt wurden, war kein langes Leben beschieden. Beim ersten Rost wurden sie weggeworfen, weswegen sie heute auch nur noch selten zu finden sind. Man achte, wie immer, darauf, wie gut der Gegenstand erhalten und verarbeitet ist und ob er Seltenheitswert besitzt.

Holzbottiche

ZUM RESTAURIEREN
UND SELBERMACHEN

Bottiche aus Hölzern, die leicht faulen, müssen im Winter untergestellt werden und können mit einem Holzschutzmittel aus dem Fachhandel bestrichen werden. Holzgefäße, die als Pflanz- oder Übertöpfe verwendet werden, sollten nicht allzu lange draußen stehen: Einen Schauer halten sie aus, anhaltendes Regenwasser jedoch nicht. Besser ist es, einen Kunststoffbehälter in den Blumenkasten zu stellen, damit das Holz im Kontakt mit der Erde nicht vermodert. Bei Blumensträußen empfiehlt sich eine wasserdichte Vase, die man in das Holzgefäß stellt.

Im 17. Jahrhundert tauchten erstmalig Holzbottiche für Orangen- und Zitronenbäume, Palmen und andere exotische Gewächse auf. Die kälteempfindlichen Pflanzen standen während der schönen Jahreszeit im Freien und wurden in Gewächshäusern und Orangerien überwintert. In der Orangerie von Versailles, die Ludwig XIV. 1685 errichten ließ, stehen über 1200 exotische Bäume und ebenso viele Holzbehältnisse. Gegenüber Stein und Terrakotta hat Holz den Vorteil, relativ leicht zu sein. Die meistenteils aus Eiche gefertigten Bottiche haben die Form einer Trommel oder Wanne, meistens aber sind es schlichte viereckige Kästen mit Füßen, die mitunter an den vier Ecken auch mit Fleurons verziert sind. Um den Baum besser hineinstellen zu können, sind einige mit einer herausnehmbaren Wand ausgestattet, die mit Metall- oder Holzstäben verankert werden kann.

Im 19. Jahrhundert wurden die eichenen Blumenkästen innen geteert, damit das Holz im ständigen Kontakt mit der Erde nicht vermoderte. Für den Balkon gab es auch Modelle aus lackierter Buche oder lackierte Bottiche aus dem Herzstück der Eiche mit Metallring und angeschraubten Ringgriffen. Manche waren mit einem Kranz und einem kleinen Ablaufbecken auf gusseisernen Füßen ausgestattet, damit das Holz vor Feuchtigkeit geschützt wurde und überschüssiges Gießwasser abfließen konnte. Ende des 19. Jahrhunderts führte der Import nicht faulender Hölzer wie dem asiatischen Teak und dem afrikanischen Iroko zur Massenfertigung leicht zu pflegender Möbel und Pflanzentröge, die man während der kalten Jahreszeit nicht mehr unterstellen muss.

OBEN

»Die Orangerie im Muséum in Paris«, Gouache von J.-B. Hilair, 1794.

UNTEN

Holzbottiche für die Weinernte.

RECHTE SEITE

Seit dem 18. Jahrhundert ist es üblich, Tropengewächse in Holzbottiche zu pflanzen, die im Winter hereingestellt werden. Die Abbildung unten zeigt das Zusammenspiel verschiedener Materialien in Form der hölzernen Bottiche und der steinernen Sphinxe.

NACHFOLGENDE DOPPELSEITE

Große Körbe aus Kastanienholz werden mit Wasserpflanzen bestückt und in ein stehendes Gewässer gesetzt.

LINKS

Alte Zinkeimer, wie sie Floristen in Gebrauch hatten.

MITTE

Eine Reihe miteinander verbundener Zinkeimer auf einer Steinmauer.

RECHTS

Zinkkannen und -kübel bekommen draußen mit der Zeit eine schöne Patina.

Zinkbehälter

LINKE SEITE

Die blau schimmernde Wanne dient als Auffangbecken für Regenwasser.

Zink ist wieder in Mode gekommen. Bei trockener Luft ist das weiße Metall rostbeständig, wohingegen sich bei feuchter Luft eine dünne Schicht Wasserstoff bildet, die es vor Korrosion schützt. Das Metall ist leicht, und die schöne silbergraue Farbe, die von der Patina im Laufe der Zeit noch vertieft wird, passt wunderbar zum Grün der Blätter und hebt die Farben der Blumen zusätzlich hervor. Wie Tongefäße auch, entfalten diese Behälter ihre ganze Wirkung, wenn sie zu mehreren gruppiert oder in einer Reihe aufgestellt sind.

Zink ist seit Jahrtausenden insbesondere in China bekannt, und in Pompeji hat man einen unbeschädigten Brunnen mit Zinkverzierungen gefunden. Im Mittelalter wurde das Metall oft bearbeitet. In der Mine von Moresnet in Belgien wurde der Kieselgalmei daraus gewonnen, den man etwa in Dinant und weiteren Ortschaften rund um Namur in Fabriken mit Koks und Kupfer vermischt zu Messing verarbeitete. Daraus wiederum wurden die berühmten Messingwaren gefertigt. Im 18. Jahrhundert dann erfand der Lütticher Chemiker Daniel Dony das erste industrielle Verfahren zur Fertigung von Messinglamellen, das in der Folge im großen Stil von Engländern und Amerikanern angewendet wurde, insbesondere für die Dachverkleidung von Gebäuden. In Europa wurde Zink im 19. Jahrhundert zur Herstellung von Gebrauchsgegenständen jeder Art für Haus und Garten verwendet: Milchkannen, Flaschen, Kübel, Waschglocken, Zuber, Krüge, Becken, Eimer, Badewannen, Gießkannen und alle möglichen Küchengerätschaften. All diese schlichten Objekte aus Zink, die den Alltag unserer Vorfahren geprägt haben, wurden irgendwann ganz selbstverständlich gegen Kunststoffgegenstände ausgetauscht.

FÜR FLOHMARKTGÄNGER UND ANTIQUITÄTENLIEBHABER

Dekorative Gegenstände aus Zink müssen nicht teuer sein. Allerdings sollte man darauf achten, dass Gefäße wie Gießkannen oder Wannen keine Löcher haben, die sie für ihre ursprüngliche Verwendung unbrauchbar machen würden. In dem Fall würden sie jedoch ausgezeichnete Pflanzgefäße abgeben, denn das überschüssige Gießwasser läuft einfach ab.

ZUM RESTAURIEREN UND SELBERMACHEN

Gereinigt wird ein Zinkobjekt mit heißer Seifenlauge. Wenn der Gegenstand eine grünliche Farbe angesetzt hat, trägt man ein flüssiges Antialgenmittel auf. Dann gut abspülen und trocknen lassen. Den ursprünglichen Glanz erhält man, indem man das Zink mit Stahlwolle behandelt. Abschließend kann man einen seidenmatten oder glänzenden Lasurlack aufstreichen. Wenn der Zinkbehälter als Pflanzgefäß gedacht ist, sollte er über eine Öffnung am Boden verfügen. Geben Sie Tonmurmeln und ein Stück groben Filz darüber (eine alte Decke tut es auch). Zum besseren Schutz wird die Innenfläche mit einer teerhaltigen Emulsion gestrichen. Gut trocknen lassen.

Blumentreppen und -ständer

ZUM RESTAURIEREN UND SELBERMACHEN

Bei Gusseisen genügt eine gründliche Reinigung mit Seifenwasser. Für eine Treppe aus Eisen und Holz werden die Metallteile im Anschluss an die Reinigung mit Schleifpapier bearbeitet. Dann trägt man ein Antioxidationsmittel und zuletzt eine Schicht Bienenwachs auf. Auch das Holz wird mit Schleifpapier bearbeitet, bevor man es mit einem Holzschutzmittel und zwei Schichten Farbe oder Lack bestreicht.

In früheren Zeiten standen Blumentreppen vor allem in Orangerien oder Gewächshäusern. Besucher und Kunden konnten auf einen Blick viele verschiedene Blumentöpfe in Augenschein nehmen, deren Pflanzen in voller Blüte standen. Die Treppen waren aus unterschiedlichen Materialien. Es gab schlichte und leichte Modelle aus Schmiedeeisen, Blech und sogar Draht; bisweilen wurde ein Metallgestell auch mit hölzernen Latten kombiniert. Andere dagegen waren ganz aus Metall: Im 19. Jahrhundert hatte der Versandhandel sehr schöne gusseiserne Modelle im Angebot, die ausgesprochen schwer und sehr raffiniert gearbeitet waren. Es gab sie in allen erdenklichen Formen: Gerade, sodass man sie an der Wand platzieren konnte, rund, als Zierde für einen Baum, halbrund, rechtwinklig oder pyramidenförmig. Die meisten hatten zwischen drei und sechs Stufen. Manche reichten auch bis unter die Decke eines Gewächshauses und boten Platz für mehrere Hundert Blumentöpfe, was sehr dekorativ aussah. Im 19. Jahrhundert hatten Blumenkästen mit Fuß in etwa die gleiche Funktion wie Blumentreppen, doch waren sie für die Veranden und Wintergärten von Privatleuten gedacht. In kleinerer Ausführung aus Holz, Eisen oder Draht waren sie feiner gearbeitet.

Auch auf Blumenständern kommen Pflanzgefäße gut zur Geltung. Sie sind aus Schmiedeeisen, Bambus oder Rattan und stehen an der Wand, oftmals fest verankert. Manchmal haben sie die Form eines Baumes oder Weinstocks, an dessen Zweigen seitlich ein Metallring oder eine kleine Stellfläche für die Blumentöpfe angebracht ist.

OBEN

Schmiedeeiserne englische Blumentreppe für Orangerien.

UNTEN

Blumenständer aus angestrichenem Gusseisen.

RECHTE SEITE

Kürbispflanzen sehen besonders hübsch aus, wenn man sie ganz einfach nebeneinander auf eine Blumentreppe stellt, wie oben links zu sehen. Unten ein alter Holzblumenkasten mit mehreren Blumentöpfen.

FÜR FLOHMARKTGÄNGER
UND ANTIQUITÄTENLIEBHABER

Eine alte gusseiserne Blumentreppe sollte auf mögliche Reparaturen und ehemalige Bruchstellen überprüft werden. Außerdem sollte man im Hinblick auf das Gewicht der Blumentöpfe überprüfen, wie bruchfest rostbefallene Stücke sind. Drahtständer dürfen nicht wackeln, und Gestelle aus Rattan sollten möglichst unbeschädigt sein. Im Garten kann man steinerne Treppen oder eine Tritt- oder Stehleiter, über die man einfache Bretter legt, in Pflanzentreppen verwandeln.

Spaliere

OBEN

Wandspalier als Trompe-l'Œil.

UNTEN RECHTS

Vasenmodelle in Gittertechnik, 1775.

RECHTE SEITE

Oben links eine kleine abgeschiedene Nische mit Gitterschutz. Oben rechts ein raffinierter Zaun aus einem Holzgerüst mit Gitterstruktur. Die zu Rauten verflochtene, lebendige Weide bildet ein wunderschönes natürliches Spalier.

FÜR FLOHMARKTGÄNGER UND ANTIQUITÄTENLIEBHABER

Im Handel erhält man vorgefertigte Holzspaliere. Die Latten sind zu Quadraten von rund 15 cm Seitenlänge vernagelt und auf einem etwas stabileren Holzrahmen befestigt. In der Regel sind sie grün angestrichen, damit sie unter dem Blattwerk möglichst unsichtbar bleiben. Man sollte sichergehen, dass das Holz gegen Witterungseinflüsse behandelt wurde.

Obst- oder Weinspaliere, unter denen man lustwandeln kann, sind allseits bekannt. Die luftig wirkenden Gestelle aus Holz, Metall oder Kunststoff, verwoben zu Quadraten oder Rauten, fächer- oder fischgrätartig, dienen dazu, einen Garten zu strukturieren, und bieten gleichzeitig Kletterpflanzen Halt. Wie groß die Vorliebe der Römer für diese Kunst war, zeigen Fresken in Pompeji, und in manchen Ausgaben des aus dem 13. Jahrhundert stammenden *Rosenromans* von Guillaume de Lorris etwa finden sich Illustrationen kleiner dekorativer Zäune, wie sie im Mittelalter die Blumen- und Pflanzenparterres rahmten. Im 17. Jahrhundert entwarf der berühmte Gartenarchitekt von Versailles, Le Nôtre, in höchster Vollendung eine Reihe feinstausgearbeiteter Vorlagen für Spaliere. Sein Talent und seine Leidenschaft für streng gegliederte Gärten lösten eine allgemeine Begeisterung für Bögen und Rundbögen, Portale und Portiken, Pergolen, Festons, Laubengänge, Trennwände und sogar Belvederes und Möbel nach Machart der Spaliere aus. Ab dem 18. Jahrhundert dienten sie auch dazu, auf fensterlosen Wänden Scheinperspektiven zu kreieren, Räume größer wirken zu lassen und Nebengebäude zu kaschieren. Immer jedoch bieten diese schlichten Gestelle, ob an der Wand oder frei stehend, die Möglichkeit, Blumen wie Rosen, Glyzinien und Klematis oder Gemüse wie Erbsen und Bohnen ranken zu lassen. In den holländischen Gärten findet man Spaliere jeder Art und Form – als Obelisken, Säulen oder Pfeiler. In Japan sind sie aus Bambus und werden während der Kirschblüte wie aufgespannte Sonnenschirme als Stütze für die Zweige angebracht.

Spaliere werden aus den verschiedensten Hölzern gefertigt, angefangen bei der strapazierfähigen Eiche, die für das Gestell verwendet wird, über Kastanie, Esche, Erle, Zypresse, Lorbeer, Pinie oder Weide bis hin zu Nussbaum. Die Holzlatten, die im Boden stehen, werden mit Eisendraht zusammengehalten, während Gewölbe und Bögen eisenverstärkt sind. Manchmal wird das Holzgerüst auch mit Girlanden, Blumensträußen und Blättern aus angemaltem oder vergoldetem Schmiedeeisen verziert.

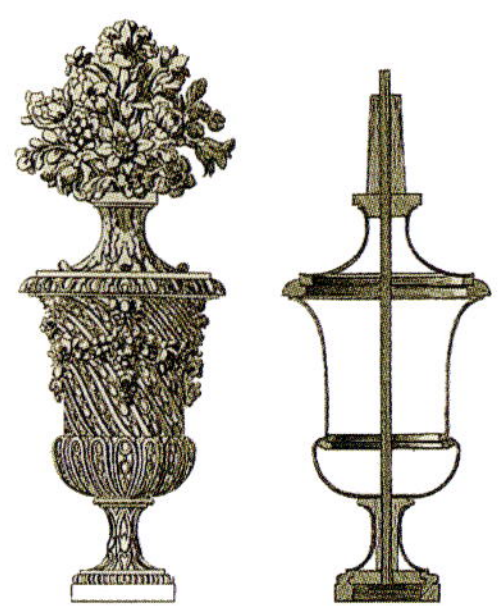

Pergolen und Laubengänge

Die als Stützen für Kletterpflanzen dienenden grazilen Konstruktionen, die im Sommer wohltuenden Schatten spenden, sind das ganze Jahr über ein herrlicher Gartenschmuck. Das Wort Pergola stammt vom lateinischen *pergula,* das so viel wie Vorbau oder Anbau heißt, und bezeichnet eine Reihe einzelner Säulen mit einem Gebälk als offenem Dach; das Ganze ist zur Berankung mit Wein gedacht. Vermutlich handelt es sich um eine der ersten Gartenkonstruktionen überhaupt, für die es schon im alten Ägypten sowie bei Griechen und Römern Beispiele gibt. Die ältesten Pergolen aus Ägypten sind aus grob behauenem Stein, dessen Bearbeitung im Wechsel der Dynastien immer weiter verfeinert wurde, bis hin zu Verzierungen mit Skulpturen oder bunten Bemalungen. Die eigentliche Machart der Pergola hat sich seither dennoch kaum verändert, wenn auch die Pfeiler aus verschiedenen Materialien gefertigt werden – Holz, Ziegel, Metall oder Stein – und das Dach – aus Holz, Eisen oder Geflecht – mitunter gewölbt ist. Was nämlich in erster Linie die Schönheit einer Pergola ausmacht, sind die sie umrankenden Pflanzen. Seit Ende des 19. Jahrhunderts stellen Kletterrosen, Klematis, Geißblatt und Glyzinien eindrucksvoll unter Beweis, dass sie, wie der Wein, Schatten spenden können und darüber hinaus auch für die Sinne etwas zu bieten haben.

Die in England und in den Vereinigten Staaten sehr beliebten Laubengänge bestehen aus einer Reihe paralleler Bögen, die, wie die Pergola, mit Wein oder anderen Pflanzen berankt sind. Es entsteht auf diese Weise eine Art Pflanzentunnel, wo es im Sommer, wenn man aus dem Licht in den Schatten überwechselt, von der schwülen in die kühle, vom Blütenduft erfüllte Luft eintaucht, überaus angenehm ist. Am Garteneingang präsentiert sich der Laubengang als Auftakt zu einem schönen Arrangement im Vordergrund; in der Gartenmitte bildet er den sanften Übergang zwischen zwei unterschiedlichen Bereichen des Gartens.

FÜR FLOHMARKTGÄNGER UND ANTIQUITÄTENLIEBHABER

Bei manchen Altwarenhändlern findet man hin und wieder schmiedeeiserne Lauben oder Teile einer Pergola, die in der Regel in beklagenswertem Zustand und sehr teuer sind. Die Mühen der Instandsetzung werden allerdings belohnt; die alten Bögen sind von unvergleichlichem Reiz. Im Handel gibt es auch Lauben nach alter Machart, die in bewachsenem Zustand von den alten nicht zu unterscheiden sind.

OBEN

»Pergola« von J.-B. Papworth (1775–1847).

LINKE SEITE

Die auf den ersten Blick verwirrenden Metallbögen oben, die eine kleine, gepflasterte Treppe überspannen, sind mit Bedacht angeordnet. Die Bank aus Teakholz unten bietet Blick auf eine romantische, blumenumrankte Galerie.

NACHFOLGENDE DOPPELSEITE

Parallel zum Gewächshaus führt ein Weg durch einen mit Wein bewachsenen Laubengang.

Von den ausgefeilten Holzarbeiten der Zimmerleute im Mittelalter ist man mittlerweile zu schmiedeeisernen Bögen übergegangen. Noch heute greift man beim Bau von Galerien auf diese beiden Materialien zurück.

Die Laube, vom althochdeutschen *louba,* womit ursprünglich ein mit Laub gefertigtes Schutzdach bezeichnet war, ist eine leichte Konstruktion aus Holz, Geflecht oder, vor allem im 19. Jahrhundert, Eisen, überspannt von halbrunden, umrankten Bögen. Diese im Mittelmeerraum sehr beliebte Überdachung, die Schatten spendet und dabei licht- und luftdurchlässig ist, war bei den Griechen und Römern ein Ort der Besinnung, später dann bisweilen eine Stätte auch vertraulicher Zusammenkünfte. Ob quadratisch oder rund, klassisch oder im Stil Palladios, nach türkischer oder japanischer Machart: An Gartenlauben lässt sich auch der Einfluss der verschiedenen Moden über die Jahrhunderte ablesen.

RECHTE SEITE

Die hölzernen Pyramiden an der rosenberankten Mauer oben dienen normalerweise als Stütze für Formschnittgewächse. An den rustikalen Pfählen unten klettern Rosen empor.

UNTEN

Metallbögen überspannen eine kleine Holzbrücke.

STÜTZEN FÜR FORMSCHNITTGEWÄCHSE

Formschnitt ist die seit der Antike bekannte Kunst, Hecken und Sträuchern wie Buchs oder Eibe eine dekorative Gestalt zu geben. Normalerweise wachsen die beschnittenen Pflanzen ohne feste Stütze. Mittlerweile allerdings wird der Pflanzenwuchs auch mithilfe von Eisengestellen in die gewünschte Richtung gelenkt. Sie wurden ursprünglich in Kreuz- oder Ringform für Floristen angefertigt, die sie für Grabgestecke und Kränze verwendeten. Heutzutage nehmen Tiermotive – Vögel, Schafe, Rehe, Hasen, Hunde und Katzen – einen besonderen Platz bei der Gestaltung der Pflanzen ein, doch auch geometrische Formen wie Pyramiden, Obelisken und übereinander gestapelte Schalen erfreuen sich großer Beliebtheit. Bei der Gestaltung eines Baumes muss man mit einem Zeitraum von fünf bis zehn Jahren rechnen; ein schnelleres Ergebnis erzielt man mit Pflanzen wie Efeu oder auch schlichten Moosen.

LINKS

Eine schlichte Holzbarriere und zwei Winkel mit eingelegten Brettern, die als Bänke dienen, bilden das Geländer einer rustikalen Brücke.

RECHTE SEITE

Oben eine Abtrennung zweier Bereiche durch ein Gitter, das dennoch einen Blick über den Garten hinaus bietet.
Der gepflegte Obstgarten unten wird durch einen herkömmlichen und dennoch raffinierten Zaun begrenzt.

Zäune und Geländer

Mit zeitlichen und regionalen Unterschieden sind beim Bau von Zäunen sämtliche Materialien zum Einsatz gekommen, seien es Lehm, Holz, Stein oder Metall. In Ägypten, Griechenland und Rom wurden Zier- und Gemüsegärten oftmals durch Palisadenzäune und Geflechte begrenzt. Im Mittelalter waren Holzzäune allgegenwärtig. Kastanie, Hasel, Weide und Weißbuche hielten die überbordende Menge an Heil- und Würzkräutern, an Zier- und Färberpflanzen in Schach und dienten als Umgrenzung der Klostergrundstücke. Auch aus den streng gegliederten Gärten des 17. Jahrhunderts sind Zäune und Geflechte nicht wegzudenken. Das gilt ebenso für den romantischen Garten des 18. Jahrhunderts, wo das strukturierende Element allerdings in den Hintergrund tritt. Die Kombination von Schmiedeeisen und Stein war schon in der Renaissance in italienischen Gärten zu finden. In dieser Kunst brachten es die Franzosen im 17. und 18. Jahrhundert zu unerreichter Meisterschaft. Wie Spitze wirken die kunstvoll durchbrochenen und bisweilen, wie in Versailles, auch vergoldeten steinernen Gitter, die die Anwesen voneinander trennen und unterteilen. Dank dem Hugenotten Jean Tijou, einem virtuosen Punzierer, der für die königlichen Gärten von Hampton Court herrliche Verzierungen geschaf-

FÜR FLOHMARKTGÄNGER UND ANTIQUITÄTENLIEBHABER

Gitter, Treppengeländer, Balkone, alte Betten oder Eisenportale, wie man sie bei Trödlern finden kann, geben Anregungen für verschiedene Gestaltungsmöglichkeiten. Manchmal sind es gerade die ungewöhnlichen Dinge, an denen man Gefallen findet. Palisadenzäune kann man auch fertig kaufen. Die Wirkung alter, patinabesetzter Holzlatten ist allerdings unvergleichbar.

RECHTS

Ein kleiner angestrichener und berankter Holzzaun dient als Befestigung des Grundstücks.

fen hat, griff die Begeisterung auch auf Großbritannien über. Dort bildete sich eine berühmte Schule der Schmiedekunst heraus.

Im 19. Jahrhundert wurde das Bürgertum im Zuge der Industrialisierung in den Stand versetzt, sich für wenig Geld Umzäunungen zuzulegen, wie sie auch der Adel hatte. In ihren Versandkatalogen boten die Gießereien zahllose Modelle von Gittern und Toren in allen erdenklichen Stilrichtungen an. Erst im Jugendstil kam die Kreativität wieder in einzeln gefertigten Stücken zum Ausdruck.

Der Hang zu mehr Natürlichkeit verhilft heute dem Holzzaun erneut zu seinem Recht. Eine schlichte Barriere aus mehreren waagerechten Latten auf x-förmigem Gerüst; ein durchlässiger Zaun aus Latten, die gerundet, eckig, spitz zulaufend, mit Fleurons verziert oder in gotischem Stil gehalten sind; fugenlos auf Rahmen genagelte senkrechte Latten; eine Reihe von Rundhölzern, die nebeneinander in der Erde stehen; mehrteilige, an Pflöcken befestigte Geflechte – gleich aus welchem Holz, ein rustikaler Zaun ist stets von ganz eigenem Charme. Eine natürliche Wirkung erzielt man auch mit Weiden- und Bambuspaneelen.

ZUM RESTAURIEREN
UND SELBERMACHEN

Palisadenzäune aus Holz haben natürlich eine begrenzte Lebensdauer. Die Latten sollten mit einem passenden Holzschutzmittel behandelt werden. Den im Boden steckenden Teil der Pfähle schützt man übrigens dadurch, dass man ihn vorher ins Feuer legt. Das verkohlte Holz wird von den Insekten nicht angegriffen. Ob es sich bei einem schmiedeeisernen Gitter auch wirklich um ein altes handelt, erkennt man an den Unregelmäßigkeiten, die sich aus der Handarbeit ergeben. So wurden früher etwa die Nahtstellen gehämmert und nicht vernietet.

OBEN

Drei Arten von Bögen aus dem Katalog der Manufacture Française d'Armes et Cycles de Saint-Étienne, 1914.

LINKS

Ein Metallgitter mit Laubengestell gewährt Zugang zu einer kleinen Brücke.

RECHTE SEITE

Auf der Abbildung oben strukturieren eine große Metalllaube und hölzerne Gitterzäune das Gelände. Unten ein rustikaler Zaun mit einer dekorativen Rundung.

NACHFOLGENDE DOPPELSEITE

Sehr wirkungsvoll stehen am Rand eines romantischen Wasserbeckens abwechselnd mit Tulpen bepflanzte Tontöpfe und Frauenbüsten.

EINFASSUNGEN

Einfassungen dienen dazu, Erde und Steinen Halt zu geben, ein Beet zu rahmen, einen Weg von einer Grünfläche abzugrenzen und dadurch das Erscheinungsbild des Gartens abzurunden. Die Gestaltung hat sich immer am Zeitgeist orientiert. Ob als durchgezogene Mauer oder als durchlässige kleine Gitter, die Bandbreite an Formen und Materialien ist groß: hochkant stehende Ziegel, gerade, im Zickzack oder gemauert; Pflaster-, Kiesel- oder Rinnsteine; Mauern aus Werkstein, gedrehter und glasierter Sandstein; frostbeständiger Zement. Eine weitere Möglichkeit: Platten aus gebranntem Ton, entweder schlicht oder mit Tauwerk und Festons verziert. In seiner natürlichen Wirkung ist Holz sehr reizvoll: Ein einfaches, horizontal gesetztes Brett, eine Reihe Rundhölzer, um Pflöcke geflochtene Zweige oder ein Weidenrutengeflecht ergeben schöne, ländliche Einfassungen. Eiserne Ziergitter, die im 19. Jahrhundert in Form von Festons, kleinen halbrunden, teils mit Lianen dekorierten Bögen oder Zweigen weit verbreitet waren, sind vielfach verwendbar und unverwüstlich. Sie sind auch am einfachsten anzubringen, da ihre spitzen Enden einfach in den Boden gesteckt werden.

Stein

Holz

Zement und Beton

Gusseisen

Parkbänke

Schmiedeeisen

Rattan und Bambus

Korbweide

Der Lloyd Loom

Edelkastanie und andere Asthölzer

Gartenmöbel

Liegestühle

Klappstühle

Hängematten und Sonnenschirme

Stein

Die schlichte, solide Steinbank gab es schon immer. In der Antike schmückten Tische und Bänke aus Marmor, an sorgfältig ausgewählten Schattenplätzen im Boden verankert, die mediterranen Gärten. Im Mittelalter ruhten sich Spaziergänger auf Rasenbänken in kleinen, von einer Steinmauer

ZUM RESTAURIEREN UND SELBERMACHEN

Da Steinbänke sehr schwer sind und fest auf kleinen Fundamenten im Boden verankert werden müssen, sollte man den Standort sorgfältig auswählen. Generell hält Stein den Unbilden des Wetters stand, doch mancher Marmor oder Kalkstein ist im Gegensatz zu anderen Gesteinsarten frostempfindlich, und die Oberfläche könnte durch Frost beschädigt werden, was viele Gartenliebhaber jedoch reizvoll finden. Größere Schäden sollten aber von einem Fachmann behoben werden. Ist die Bank stark verschmutzt oder mit Moos oder Flechten überwuchert, kann sie mit einer harten Naturbürste und Seifenlauge, der 10 % Ammoniak zugesetzt wurde, gereinigt werden.

geschützten Nischen aus, umgeben von Duft-, Zier- und Arzneipflanzen. Bilder dieser Zeit zeigen auch massive Sessel mit geraden Rückenlehnen, meist aus Stein oder Rundhölzern, die an einen Thron erinnern.

In der Renaissance wurden die Gärten der toskanischen und römischen Paläste mit Brunnen, Statuen und Vasen geschmückt, die mit ihren Sphinxen, Göttern, mythischen Tieren und Nymphen den Glanz der Antike heraufbeschworen. Wunderschöne, mit Skulpturen sowie Blumen- und Blättermotiven verzierte Marmor- oder Steinbänke gaben dem Betrachter Gelegenheit, die Verbindung von Natur und Kunst zu bewundern. Die künstlerische Ausstrahlung Italiens wirkte bis in die Gärten Deutschlands, der Niederlande und Frankreichs. Selbst im arabisch-andalusischen Spanien machte sich dieser Einfluss bemerkbar. In den Gärten von Sevilla oder Córdoba stehen steinerne Bänke und Ornamente neben Sitzgelegenheiten aus bunt glasierter Terrakotta, die mit ihren fröhlichen, leuchtenden Farben wohltuende Frische verbreiten.

Italiens und auch Frankreichs Vorstellung vom Garten als Ausdruck der Herrschaft des Menschen über die Landschaft setzte sich in ganz Europa durch. Versailles mit seiner grandiosen architektonischen Ausgewogenheit im Dienste königlicher Macht galt nunmehr als Vorbild. In einem herrlichen Lobgesang an Apollon, den Sonnengott, setzen die Ornamente Schwerpunkte, begrenzen die domestizierte Natur und heben ihre Schönheit her-

LINKS

Drei einfache Bänke – jeweils eine Platte auf zwei niedrigen Füßen – laden im Windschutz der Hecke zum Plaudern ein.

RECHTS

Die gerade Linie der Bank kontrastiert mit den Kurven und Rundungen der schmiedeeisernen Blumenvase und bildet doch ein harmonisches Ganzes.

vor. Mit ausgewählten Skulpturen verzierte Stein- und Marmorbänke, an strategischen Stellen platziert, zeugen von höchster Perfektion.

Die verwendeten Gesteinsarten richten sich nach dem Land, den natürlichen Rohstoffen und dem Klima. Italien bevorzugt Marmor; der beste kommt aus Carrara und dem Aostatal. In England setzt man auf Portland-Stein, einen Kalkstein aus der Grafschaft Dorset. In Frankreich wird sowohl Marmor als auch Granit verarbeitet, aber auch Sandstein sowie verschiedene Kalksteine.

Eine Steinbank wird meistens wie ein Türsturz mit zwei Stützfüßen gebaut und manchmal mit einer durch zwei seitliche Streben gestützten Rückenlehne versehen. Die einfachen, ländlichen Ausführungen haben keine Verzierungen. Bei den raffinierteren Formen, die man in den Parks der

UNTEN UND RECHTS

Eine sinnvolle Wiederverwendung fand dieser ausgefallene Tisch. Die Marmorplatte liegt auf einem schmiedeeisernen Gitter, das als Mittelfuß dient. Auch die Steinplatte, die auf zwei dickbauchigen Tonkrügen ruht, sticht ins Auge.

FÜR FLOHMARKTGÄNGER UND ANTIQUITÄTENLIEBHABER

Alte Steinbänke sind zeitlich schwer einzuordnen, denn sie sind nicht signiert und zeigen auch sonst keine besonderen Merkmale. Imitate aus dem 19. und 20. Jahrhundert, die den Witterungseinflüssen ausgesetzt waren, sind ebenso mit einer Patina überzogen wie die Originale. Man sollte sich daher beim Kauf eine Preisobergrenze setzen. Ein nobler Stein passt ideal zu einer natürlichen Umgebung und bringt ein bisschen »Kultur« in die Landschaft.

Schlösser des 18. Jahrhunderts findet, haben die Künstler mit Skulpturen und Zierleisten ihr Können unter Beweis gestellt. Bei den Tischen liegt meist eine 10 bis 15 cm dicke Steinplatte auf zwei seitlichen Beinen.

Ab dem 18. Jahrhundert wurden auch andere Materialien wie Holz oder Zement eingesetzt. Im 19. Jahrhundert kam Metall hinzu. Stein aber konnte sich gegen diese Baustoffe zu jeder Zeit behaupten. Und auch wenn sich die Bank im Laufe der Zeit verändert hat, bleibt sie doch ein zeitloser Klassiker unter den Gartenmöbeln.

NACHFOLGENDE DOPPELSEITE

Ein Tisch und mehrere Sitzgelegenheiten im Schatten: Mehr bedarf es nicht, um den Sommer im Garten zu genießen. Links ein rustikaler Sessel im Stil Louis-seize, rechts Lattenstühle aus den 1950er-Jahren.

GESTEINSRESTE

Oft findet man unter Altmaterial Objekte aus Stein oder Teile von Skulpturen, aus denen sich Gartenmöbel herstellen lassen. Ein alter Kaminsturz auf zwei flachen Steinen oder eine Steinwalze ergeben eine passable Bank; aus einem Säulenkapitell kann ein Stuhl oder ein Gartentisch entstehen: Mit etwas Fantasie bieten sich unendlich viele Möglichkeiten.

RECHTS

Diese elegante Bank wurde im Laufe der Zeit von Flechten überzogen.

Holz

OBEN UND RECHTS

Zwei Stühle aus dem 1902 erschienenen »Magazine of Garden Gems« von G. van Laur.

Bis zur Renaissance bestand das Mobiliar vor allem aus Kommode, Anrichte, Bank und Stühlen. Als Tisch diente häufig nur eine Holzplatte, die man zu den Mahlzeiten an beliebiger Stelle auf zwei Auflageböcke legte und später wieder verstaute. Allerdings tauchte bereits in dieser Zeit eine »italienische« Version des schweren und reich verzierten Tisches auf. Die Herstellung von Möbeln galt noch nicht als Kunst. Was man für den täglichen Gebrauch benötigte, wurde von Tischlern aus heimischen, robusten Holzarten wie Buche, Eiche, Nussbaum und Kastanie gezimmert. Die Form ist schlicht: Die Bänke sind eine Abwandlung der bäuerlichen Modelle, die hin und wieder gerade Rücken- und Armlehnen aufwiesen. Auf dem Land fand man sie noch bis ins 19. Jahrhundert.

Der Begriff Gartenmöbel war unbekannt, auch wenn hier und da ein paar Steinbänke die Landschaft schmückten. Gelegentlich wurden Tisch und Stühle in den Garten getragen.

Erst Mitte des 18. Jahrhunderts tauchten Gartenmöbel aus Holz auf. Durch den Landschaftspark um Versailles entstand eine poetische und natürliche Vorstellung vom Garten. In diesen neuartigen Landschaftsräumen verlieren sich unauffällige und originelle Sitzgelegenheiten aus Ästen und Rundhölzern, gefertigt aus Eibe, Birne oder anderen heimischen Hölzern. Noch mehr Zuspruch als in Frankreich findet dieser rustikale Stil in England.

Gleichzeitig entstanden lange Tische und Bänke mit Arm- und Rückenlehnen aus geraden Latten, einzeln gefertigt aus stabilen Hölzern und mit einem Anstrich vor Wind und Wetter geschützt. Dennoch ist Holz für diese

LINKE SEITE

Zwei einfache Platten auf astförmigen Füßen oder eine Kombination aus Rundhölzern – Holzbänke, die mit der Zeit Patina angesetzt haben, fügen sich harmonisch in jeden Garten.

NACHFOLGENDE DOPPELSEITE

Lebenskunst im Garten lässt sich auch am Standort einer Bank oder eines Tisches ablesen. Diese Teakmöbel bekommen im Laufe der Zeit eine gräuliche Patina.

Art Möbel kein ideales Material. Da sie dem Wetter nicht ständig ausgesetzt werden können, müssen diese Möbel in den kalten und feuchten Jahreszeiten untergestellt werden, was wegen ihres Gewichts problematisch ist. Aus diesem Grund sind Holzmöbel bis Anfang des 20. Jahrhunderts nicht sehr verbreitet, bis die ersten nicht faulenden Hölzer aus Südostasien nach Europa gelangten. Besonders beliebt war Teakholz, das auch Eisenholz genannt wird, da in dieses Holz geschlagene Nägel nicht rosten.

Die große Nachfrage nach Teakholz führte zur industriellen Produktion von Gartenmöbeln. Aus dem festen, harten Holz, das sich so angenehm anfühlt, entstanden einfache und elegante Formen, die dem Zeitgeschmack entsprachen, besonders beeinflusst von der Arts-and-Crafts-Bewegung in England oder dem Art déco in Frankreich. Großen Bekanntheitsgrad erreichte die inzwischen klassische Form der Teakbank, die von dem englischen Architekten Edwin Lutyens (1869–1944) zwischen den beiden Weltkriegen entworfen wurde. Seit den 1930er-Jahren haben sich die Formen wenig verändert. Bis in die 1980er-Jahre wurden weiterhin die gleichen Modelle hergestellt. Erst dann kam es durch die Entwürfe talentierter Designer zu einer gewissen Diversität, die durch die Kostensenkung infolge umfangreicher Importe aus dem Fernen Osten in kürzester Zeit große Beliebtheit erlangte.

ZUM RESTAURIEREN
UND SELBERMACHEN

*Mit Ausnahme der nicht faulenden exotischen Hölzer muss Holz unbedingt vor Witterungseinflüssen geschützt und regelmäßig gestrichen werden.
Zum Reinigen bearbeitet man die Holzmöbel gründlich mit Bürste und Seifenlauge, spült sie anschließend sorgfältig ab und lässt sie trocknen.
Will man nachlackieren, müssen die Möbel vorher abgebeizt und geschliffen werden. Vor dem eigentlichen Anstrich wird ein Fixiermittel aufgetragen, Risse werden mit einer Spachtelmasse geschlossen. Nach nochmaligem Schleifen wird lackiert.
Teakholz wäscht man mit Seifenlauge ab und trägt nach dem Trocknen eine dünne Schicht Teaköl mit einem feinen Pinsel auf.
Ist das Öl eingezogen, kann man die Oberfläche nachpolieren.
Unbehandelte Harzhölzer reinigt man mit Terpentin, bevor man heißes Leinöl satt aufträgt. Nach dem ersten Trocknen wischt man das überschüssige Öl wieder ab. Einige Tage später kann man das getrocknete Holz polieren.*

UNTEN UND
NACHFOLGENDE DOPPELSEITE

*Seit Anfang des 20. Jahrhunderts ist die pflegeleichte und widerstandsfähige Teakbank ein Klassiker in unseren Gärten.
Die zahlreichen Formen, die es noch heute gibt, stammen ursprünglich aus der englischen Arts-and-Crafts-Bewegung und wurden bald darauf vom französischen Art déco übernommen.*

RECHTE SEITE

Der Adirondack-Stuhl in mehreren Variationen: eine eher klassische Form, eine rustikale Version und eine ganz neue Form, die an den »Blau-Rot-Stuhl« von Rietveld erinnert.

FÜR FLOHMARKTGÄNGER
UND ANTIQUITÄTENLIEBHABER

*Alte Gartenstühle und -bänke sind schwer zu finden. Oft werden sie restauriert zu hohen Preisen verkauft. Es lohnt sich, sich mit Stücken zufrieden zu geben, denen Sie eine Restaurierung angedeihen lassen müssen.
Vor dem Kauf sollte man unbedingt prüfen, ob Füße, Rückenlehne und Sitzfläche noch fest verankert sind.
Reparaturen an den Füßen, insbesondere durch schräge Blattstöße, mindern den Wert erheblich. Bei der Suche nach Serienstücken oder bekannten Gartenmöbeln vor Beginn des 20. Jahrhunderts ist allerdings Vorsicht geboten: Seit den 1950er-Jahren imitieren viele Fabrikanten gerade diese alten Modelle.*

DER ADIRONDACK-STUHL

Der Name stammt von einem amerikanischen Bergmassiv im Bundesstaat New York. Dort wurde Anfang des 20. Jahrhunderts das Vorgängermodell, der Westport-Chair, entwickelt. Er besteht aus nebeneinander liegenden Holzlatten und weist zwei Besonderheiten auf: breite Armlehnen und eine in fast idealem Winkel zur Sitzfläche geneigte Rückenlehne. Er ist fast immer gestrichen, in der Region von Maine meist in mattem Rotbraun, Dunkelbraun oder Grün, während sich an der Küste weiter südlich auch Stühle in Blaugrau oder Weiß finden. Der ausgesprochen rustikal und schlicht wirkende Stuhl ist bei den Amerikanern noch heute sehr beliebt. Auch in anderen Teilen der Welt stößt man immer wieder auf dieses Modell. In vielen Adirondack-Werkstätten wird der Stuhl bis heute hergestellt. In den 1980er-Jahren kam dieses Modell in Europa in einer verfeinerten Version aus Teak wieder in Mode.

Zement und Beton

ZUM RESTAURIEREN
UND SELBERMACHEN

Möbel aus Zement oder Beton sind weitgehend wetterfest, jedoch kann die Zementoberfläche durch Frost beschädigt werden. Eine dicke Plastikabdeckung bietet im Winter ausreichend Schutz. Sollte allerdings die Armierung rosten, kann es zu Absplitterungen des Materials kommen. Gründliches Abwaschen reicht als Pflege für diese Gartenmöbel.

Mitte des 18. Jahrhunderts verlor der formale Stil von Versailles, der lange Zeit bei der Gartengestaltung vorherrschte, an Einfluss. In England entstand eine neue Richtung, die wie die zur gleichen Zeit sich entwickelnde Landschaftsmalerei die ungezähmte Natur wieder entdeckt. Der Landschaftsgarten, die verträumte Vorstellung eines natürlichen Gartens ohne erkennbare Grenzen, spiegelte die Ideen der Epoche, die Vorstellung von Natürlichkeit und Einfachheit, wider. Dieser Stil beeinflusste natürlich auch die Gartenmöbel, die nicht mehr der Tradition folgten, sondern zu schlichteren, kunsthandwerklichen Formen fanden.

Gegen Ende des 18. Jahrhunderts entdeckte man den Zement als neues Material für Gartenmöbel. Mit dieser Mischung aus Kalk und Ton lassen sich hervorragend Baumstämme und Äste mit Rinde und Astlöchern imitieren. Schon bald entwickelte sich daraus ein rustikaler Stil, der überall in Europa, insbesondere in England, aber auch in den Vereinigten Staaten seinen Niederschlag fand. In den darauf folgenden Jahrzehnten war dem Baustoff ein widersprüchliches Schicksal beschieden; er gefiel und missfiel in gleichem Maße und geriet zwischen 1850 und 1890 vollkommen in Vergessenheit. In den 1930er-Jahren tauchten Bänke aus Zement dann wieder auf und wurden in vielen Parkanlagen aufgestellt.

Im 20. Jahrhundert entstand neben dem Zement ein weiterer Baustoff: Beton – eine Mischung aus Zement, Sand, Kies und Steinen. Er ist, wie Zement, mit einer Eisenarmierung versehen. Der Baustoff ist zwar schwer, aber widerstandsfähig und eignet sich besonders gut für urbane Möbel. Seit dem Zweiten Weltkrieg wird er praktisch in allen öffentlichen Parkanlagen, aber auch von Liebhabern moderner Gartengestaltung in Privatgärten eingesetzt. Viele wunderschöne Stücke sind aus dem Art déco abgeleitet.

FÜR FLOHMARKTGÄNGER
UND ANTIQUITÄTENLIEBHABER

Zement und Beton bieten die gleichen Vorteile wie Stein. Suchen Sie den Platz für Tisch und Stühle sorgfältig aus, denn Ihre Wahl sollte endgültig sein. Es gibt viele Formen und Modelle und zahlreiche Imitate zu unterschiedlichen Preisen. Stücke aus dem 18. Jahrhundert sind selten und fast unerschwinglich. Manche dieser Möbel sind Einzelstücke, denn sie wurden von Kunsthandwerkern direkt im Garten des Auftraggebers angefertigt. Andere wurden als Massenware gegossen. Zustand, Qualität und Originalität der Verzierungen sind ebenfalls zu berücksichtigen.

UNTEN

Bei diesem Unikat sind die Initialen des Auftraggebers oder Erbauers fester Bestandteil der Rückenlehne.

RECHTS

Zement macht es möglich: Dank dieses Materials können Gartenliebhaber eigene Vorstellungen verwirklichen. Neben Tischen und Stühlen entstehen Balustraden, Brunnen, Bodenbeläge, Vogelhäuschen und, wie hier abgebildet, Hundehütten.

OBEN

Zement verträgt auch kühne Einfälle wie diese dicken Äste aus Rohzement, die geschickt als Träger für die Sitzfläche der beiden im Halbrund aufgestellten Bänke eingesetzt werden.

LINKS

In den 1950er-Jahren fanden Zementmöbel nicht nur Zuspruch. Ihre nüchterne, nostalgische Form findet heute aber wieder zahlreiche Liebhaber, möglicherweise weil sie die Nachkriegszeit in Erinnerung rufen.

OBEN LINKS

Gartenverzierungen aus dem 1902 erschienenen »Magazine of Garden Gems« von G. van Laur.

OBEN RECHTS

Dieser Rocaille-Sessel aus dem 18. Jahrhundert steht ideal vor der reich verzierten Wand.

OBEN UND RECHTE SEITE

In vielen öffentlichen und privaten Gärten standen in den Vierziger- und Fünfzigerjahren des vergangenen Jahrhunderts pflegeleichte, gemauerte Sitzgelegenheiten. Das grüne Mosaik harmoniert mit dem Material und dem Fußbodenmotiv.

ROCAILLE

Der Rocaille-Stil ging aus dem italienischen Barock hervor. Die Bezeichnung kam zwar erst im 19. Jahrhundert auf, doch begann die rund vierzig Jahre währende Stilepoche bereits Anfang des 18. Jahrhunderts und verbreitete sich bald in ganz Europa. In England und Deutschland wird sie Rokoko genannt. Rocaille (frz. »Muschelwerk«) bezeichnet das Hauptornament der meist muschelähnlichen Formen des Rokoko. Der Stil fand seine Inspiration in den künstlichen Grotten der Renaissance-Gärten mit ihren Brunnen und Nymphen, die ihrerseits von der Antike beeinflusst waren. Kennzeichnend sind die vielfältigen, asymmetrischen Formen, die rustikale Elemente mit reinen Fantasiegebilden vereinen. Häufig werden Muschelbruch, verschlungene Blumengirlanden, Palmen, geflügelte Drachen und anderes als Verzierung verwendet. Oft wurden muschelförmige Sitzgelegenheiten mit geschwungenen Linien und fantasievollen Verzierungen gefertigt. Immer wieder sind Kieselsteine und Muscheln in den Zement eingelassen.

Gusseisen

FÜR FLOHMARKTGÄNGER
UND ANTIQUITÄTENLIEBHABER

Gusseisen ist zwar wetterbeständig, aber schlagempfindlich, weshalb es kaum noch Originalstücke gibt. Die alten Modelle sind auch deshalb selten, weil sie oft verschrottet wurden, um anderen, dem jeweiligen Zeitgeschmack entsprechenden Stücken Platz zu machen. Es muss sorgfältig geprüft werden, ob das Möbelstück nicht nur notdürftig repariert wurde, um eine Bruchstelle zu verbergen.

Während des 19. Jahrhunderts führte die fortschreitende Urbanisierung zu wachsender Sehnsucht nach der Natur. Um diesem verständlichen Wunsch nachzukommen, wurden in vielen Hauptstädten und Kurorten öffentliche Parkanlagen und Grünflächen angelegt. Städter und Kurgäste wandelten über lange Promenaden oder erfreuten sich an Konzerten, die in kleinen Pavillons aufgeführt wurden. Dadurch entstand ein neuer Bedarf nach Sitzmöbeln, die auch dem Wetter standhalten. Gusseisen, ein damals neu entwickeltes Material, wurde diesen Anforderungen gerecht.

Eisen-Kohlenstoff-Legierungen sind bereits seit dem 13. Jahrhundert bekannt. Schon im 15. Jahrhundert wurden Haushaltswaren aus diesem Material hergestellt. Der eigentliche Aufschwung aber kam erst mit dem technischen Fortschritt der Metallurgie, insbesondere durch die Erfindung des Gusseisens. Dieses leicht zu verarbeitende, preisgünstige Material eignet sich hervorragend für Massenanfertigungen. Gusseiserne Möbel sind wetterbeständig, robust und schwer und können ganzjährig im Freien stehen. Die meist in den Farben Weiß, Schwarz oder Hellgrün gestrichenen Bänke, Stühle, Tische und runden Beistelltischchen wurden passend zu den Gittern und Laternen in den öffentlichen Parkanlagen Europas gefertigt. Den stilistischen Möglichkeiten waren im fortschrittsgläubigen und doch nostalgischen 19. Jahrhundert keine Grenzen gesetzt. Lehnen sich die ersten Modelle noch an alte Stilrichtungen wie Gotik oder Klassik an, werden sie Mitte des Jahrhunderts origineller und auch leichter; oft sind sie jetzt mit Tier- oder Pflanzenmotiven verziert. Farne, Weinlaub, Lorbeer, Schlangen und Eichhörnchen tummeln sich auf den Rückenlehnen der Bänke und Sessel. Von England aus exportierten die Gießereien Coalbrookdale und Britannia ihre Erzeugnisse, die sogar Eingang in die Palastgärten von Istanbul finden, nach ganz Europa.

LINKE SEITE UND OBEN

Verschiedene Modelle von gusseisernen Sitzgelegenheiten aus dem 19. Jahrhundert: rustikale Bank im Stil des 18. Jahrhunderts (links), Sessel mit klassischem Farnmotiv (oben links), englische Coalbrookdale-Bank mit Strickmustermotiv (Mitte) und ein filigranes Modell mit Weinlaubmotiven (rechts).

OBEN

Zwei rustikale Stühle aus dem 1902 erschienen »Magazine of Garden Gems« von G. van Laur.

Parkbänke

ZUM RESTAURIEREN
UND SELBERMACHEN

Bei der Renovierung einer alten Bank müssen die Gussteile zuerst durch Abbeizen und Schleifen von Rost und Farbresten befreit werden. Die Holzteile werden mit mittelkörnigem Sandpapier bearbeitet, Risse mit Holzkitt ausgebessert und glatt geschliffen. Anschließend erhalten zuerst die Gussteile und dann das Holz jeweils einen Anstrich mit Glyzerinfarbe.

OBEN

In vielen öffentlichen Parks ist dieses inzwischen klassische Modell aus Eisen zu finden.

UNTEN

Verschiedene Parkbankfüße von Hauts-Fourneaux, Fonderies et Ateliers de Construction de Tusey (Département Meuse), 1897.

In den Städten des 19. Jahrhunderts veränderten breite Alleen, Promenaden, öffentliche Parks und Grünanlagen das Stadtbild. Der moderne öffentliche Verkehr wuchs stetig, Bahnhöfe und Straßenbahnstationen entstanden. Immer mehr »städtisches Mobiliar« wurde benötigt, und im Zuge dessen entstand auch die klassische Parkbank aus Gusseisen und Holz. Auf einem gusseisernen Trägergerüst wurden als Rückenlehne und Sitzfläche breite Eichenbretter befestigt. Eiche ist ein hartes und haltbares Holz, das eingelassen und gestrichen den Wettereinflüssen gut standhält. Diese Bank gibt es in einfacher und doppelter Ausführung, mit einer festen Lehne zwischen den beiden Sitzflächen, sodass man Rücken an Rücken darauf Platz nehmen kann. Zur selben Zeit entstand ein weiteres Modell mit schmalen imprägnierten Latten aus Buche, Pinie, Tanne oder auch Metall, die in einer geschwungenen Linie nebeneinander angeordnet sind, sich der Körperform gut anpassen und eine lückenlose Sitzfläche und Lehne bilden.

Diese aus Gusseisen und Holz gefertigten Bänke sind etwa zwei Meter lang. Obwohl sie ohne weiteres auf dem Boden stehen können, wurden sie meist auf einen in den Boden eingelassenen Sockel geschraubt. Anfang des 20. Jahrhunderts wurden die Modelle aus Schmiedeeisen und Holz leicht verkürzt. Erst seit den 1950er-Jahren sind parallel dazu auch Beton- und Kunststoffbänke zu sehen. Die vertraute alte Parkbank gehört vielerorts aber nach wie vor zum typischen Stadtbild. Auch heute noch wird die Bank hergestellt, allerdings aus dem etwas leichteren Grauguss und lackiertem Holz.

FÜR FLOHMARKTGÄNGER
UND ANTIQUITÄTENLIEBHABER

Manche Bänke weisen noch Spuren der Bolzenverbindung auf, was ein Beweis für ihre Echtheit ist. Man findet eher Bänke mit breiten Eichenbrettern als Modelle mit imprägnierten Holzlatten, die aus weniger widerstandsfähigen Hölzern gefertigt wurden.
Die Bänke werden nach wie vor hergestellt; heutige Modelle sind meist leichter und kleiner.
Es könnte auch sinnvoll sein, gusseiserne Füße zu kaufen und Sitz und Lehne aus Holz anfertigen zu lassen.

RECHTE SEITE

Diese Parkbank hat in einem Privatgarten einen neuen Standort gefunden.

NACHFOLGENDE DOPPELSEITE

Stühle und Sessel im harmonischen Zusammenspiel von Holz und Schmiedeeisen.

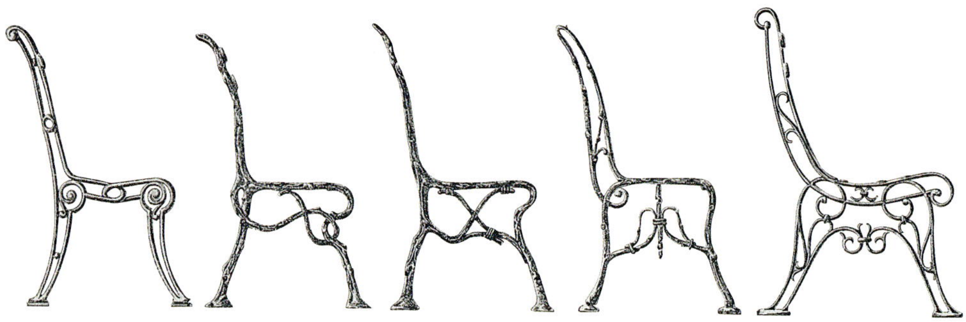

Schmiedeeisen

Im Zuge der Entstehung öffentlicher Gartenanlagen wurden auch zahlreiche Privatgärten angelegt. Großbürger und Mittelstand verbrachten den Sommer in ihren hübschen Landhäusern inmitten parkähnlicher Gelände. Stein- oder Holzmöbel wurden kaum noch verwendet. In den öffentlichen Parks eroberte sich Gusseisen einen festen Platz, während sich in privaten Gärten schmiedeeisernes Mobiliar durchsetzte. Es ist wetterbeständig, stabil und dennoch leicht, sodass es mühelos versetzt oder, wenn nötig, während des Winters untergestellt werden kann.

Bis Mitte des 19. Jahrhunderts wurde schmiedeeisernes Mobiliar von selbstständigen Handwerkern hergestellt. Wenig später begannen zahlreiche Schmiede- und Schlosserwerkstätten mit der Serienfertigung, die schon bald von der Stahlindustrie übernommen wurde. In Frankreich, Deutschland und England wurden diese Möbel sowohl im Inland abgesetzt als auch exportiert. Wichtigstes Verkaufsinstrument waren sorgfältig edierte und sehr detaillierte Versandkataloge, die eine erstaunliche Vielfalt an Modellen in allen erdenklichen Ausführungen aufweisen.

Der damals für das Innenmobiliar in Mode gekommene Napoleon-III.-Stil, in Deutschland Neurokoko oder Zweites Rokoko genannt, findet beim Gartenmobiliar seinen Ausdruck in üppigen Verzierungen, die vergangenen Jahrhunderten nachempfunden sind. Die Konstruktion der Möbel veränderte sich kaum, nur Sitzflächen und Rückenlehnen sowie kleine Fußbänkchen, Tischplatten und runde Tischchen gibt es in zahlreichen Ausführungen. Rauten aus breiten Bandeisen, feine Netze aus Eisenmaschen, perforierte Bleche imitieren Rohrgeflechte oder feine Spitzen aus Metall. Fantasie und technische Fertigkeit waren gefragt. Ab 1869 bot die Firma Carré elastische Stühle an, deren Sitze und Rückenlehnen aus biegsamen Lamellen bestehen. Ab 1879 brachte das Haus Thiry-Jeune ansprechende Modelle mit Klappsitzen heraus. In Arras stellten die Kunstschmieden Grassin und Saint-Sauveur Stühle her, deren Beine in flache Klauen auslaufen, sodass sie nicht im Boden einsinken. Gegen Ende des Jahrhunderts entwickelte der Jugendstil, der sich stark an der Natur orientiert, einen fließenden Stil mit eleganten Windungen, während der Art déco geometrische Formen und stilisierte Ornamente bevorzugt.

LINKE SEITE

Durch die Verbindung von Schmiedeeisen und Holzlatten entstehen die majestätischen Sessel auf der Abbildung oben mit ihren ebenso hübschen wie ergonomisch geschwungenen Armlehnen. Unten links der kleine runde schmiedeeiserne Tisch mit dem Loch in der Mitte für den Sonnenschirm. Ein schmiedeeiserner Sessel mit breiten Lamellen unten rechts.

OBEN UND UNTEN

Bank mit Sonnendach und Stuhl mit gebogenen Lamellen, »Les Besoins de la vie«, 1887.

ZUM RESTAURIEREN UND SELBERMACHEN

Rost muss beseitigt werden, sobald er sichtbar ist, am besten durch Abschleifen mit Stahlwolle. Um weitere Schäden zu vermeiden, sollten diese Möbel regelmäßig abgebeizt und zunächst mit Farbe und im Anschluss mit einer Glyzerinfarbe für Metall gestrichen werden. Manche Glyzerinfarben bieten auch Rostschutz.

FÜR FLOHMARKTGÄNGER
UND ANTIQUITÄTENLIEBHABER

Altes Schmiedeeisen gehört zu den reinen Metallen und rostet erheblich weniger als heutige Erzeugnisse. Seit dem 19. Jahrhundert hat sich die Form kaum verändert, doch alte Möbel sind schwerer und vernietet, während aktuelle Imitationen verschweißt und weniger sorgfältig verarbeitet sind.
Manche Händler verkaufen die Möbel in renoviertem Zustand. Die Reinigung mit Sandstrahl und der frische Anstrich bringen die Schönheit des Metalls oft erst zur Geltung. Fachmännische Arbeit hat natürlich ihren Preis. Vorsicht ist allerdings bei alten Stühlen geboten, deren Rohrgeflecht erneuert wurde.
Die Erzeugnisse bestimmter Kunstschmieden sind nummeriert und tragen einen Prägestempel.

RECHTS

Dieser leichte und zusammenklappbare Stuhl besteht aus Holzlatten und Eisenstäben und ist in den unterschiedlichsten Ausführungen bekannt.

RECHTE SEITE

Die elegante Bank wirkt zerbrechlich wie eine Libelle und fügt sich harmonisch in die Umgebung ein.

DER KLASSISCHE GARTENKLAPPSTUHL

Klappstühle, die man früher für wenig Geld in öffentlichen Gärten mieten konnte, geraten sicher nicht so rasch in Vergessenheit. Auf einem Eisengerüst sind Holzlatten befestigt, die die Sitzfläche und die Rückenlehne bilden. Die Stühle wurden in großer Zahl hergestellt. Noch heute sind sie auf Flohmärkten zu finden. Manche sind in schlechtem Zustand, also verrostet und zerkratzt. Doch gerade das finden viele Trödelliebhaber reizvoll.

Rattan und Bambus

FÜR FLOHMARKTGÄNGER UND ANTIQUITÄTENLIEBHABER

Der Preis schwankt je nach Qualität, Zustand und Seltenheitswert des Objekts. Von den ausgesprochen feinen Arbeiten des 19. Jahrhunderts gibt es keine Imitate. Schlichte und nicht signierte Modelle sind eher zu finden. Manche Stühle von Perret & Vibert tragen das Firmenzeichen auf einer ovalen Plakette, was den Wert erhöht.

OBEN UND UNTEN

Modelle aus dem Katalog der Manufacture Française d'Armes et Cycles de Saint-Étienne (Anfang 20. Jahrhundert).

RECHTE SEITE

Rattan ist äußerst biegsam, es wird engmaschig oder locker verflochten, kann lackiert oder gefärbt und mit anderen Fasern wie Korbweide oder Bambus kombiniert werden.

Rattan wird aus der Rotang-Pflanze gewonnen, einer Kletterpflanze, die zur Gattung der Palmen zählt und über 300 Meter lang werden kann. Sie wächst in Südostasien, vor allem in Indien und Singapur. Die schöne, natürliche Honigfarbe zeigt viele feine Nuancen. Natürlich kann das Material auch gefärbt oder lackiert werden. Zur Herstellung eines Möbelstücks wird es in dreierlei Form verarbeitet. Das Gestell fertigt man aus Rohr, das von der äußeren Rinde befreit und dann über einer Flamme oder über Wasserdampf gebogen wird. Die gebogenen Rohre werden zusammengebunden und verstärkt. Das Geflecht der Sitzfläche und der Rückenlehne besteht aus dem Mark der Pflanze, das zwischen ein und zehn Millimeter dick ist. Man gewinnt es, indem man aus der Schicht zwischen Rohrwand und Mark feine Streifen oder Bänder zieht. Erst wenn Geflecht und Rahmenstruktur miteinander verbunden sind, werden Verstärkungen eingezogen und die noch unbedeckten Teile des Gestells mit Bändern umwickelt.

Bambus ist Rattan sehr ähnlich, doch sind die Stängel hohl. Dieses leichte, biegsame und widerstandsfähige Material, das keine hervorstehenden Knoten oder Astlöcher aufweist, ist sehr schön und eignet sich ausgezeichnet für die Herstellung der Rahmenkonstruktion von Korbsesseln. Die Stiele können auch entrollt und geglättet werden und finden so zum Beispiel als Tischplatte Verwendung.

Schon im 18. Jahrhundert wurde Rattan von den Holländern nach Europa eingeführt und für die Herstellung der Sitzflächen und Rückenlehnen der

ZUM RESTAURIEREN UND SELBERMACHEN

Rattan bricht leicht, weshalb es sinnvoll ist, ein- bis zweimal pro Jahr Leinöl oder etwas Bienenwachs ohne Silikon aufzutragen. Ist das Möbelstück verzogen oder sind die Streben gebrochen, sollte man sich an einen Korbflechter wenden.
Rattan braucht Feuchtigkeit. Hier helfen regelmäßiges Bestäuben mit Wasser und ein anschließendes Trocknen im Schatten. Zum Bleichen nimmt man am besten heißes Wasser, dem 5 Esslöffel Wasserstoffperoxid pro Liter und die gleiche Menge Zitronensaft zugesetzt werden. Abbürsten und an der frischen Luft im Schatten trocknen lassen.

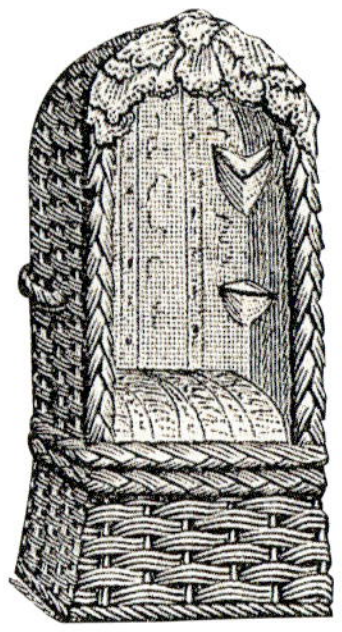

OBEN UND RECHTS

Zwei Strandkörbe aus Korb und geflochtenem Rattan, Katalog der Manufacture Française d'Armes et Cycles de Saint-Étienne (Anfang 20. Jahrhundert).

UNTEN

»Ein Nachmittag im Garten« von Alain Bazard, um 1944.

damals sehr beliebten »Makronensessel« verwendet. In der zweiten Hälfte des 19. Jahrhunderts begeisterte sich der Westen für das Können der Chinesen, von dem man sich bei der Weltausstellung in London 1851 überzeugt hatte. Man importierte schließlich fertige Möbel aus Bambus oder Rattan aus China und Manila. Sie waren sehr leicht und sorgfältig verarbeitet, besaßen den Charme des Natürlichen neben exotischer Schönheit und hatten den Vorteil, dass man sie sowohl im Freien als auch im Haus verwenden konnte. Manche Importfirmen begannen Anfang des 20. Jahrhunderts mit einer eigenen Serienproduktion. Bald boten die Versandkataloge Dutzende von Modellen an, die sich, ursprünglich orientalischen Vorbildern nachempfunden, rasch dem französischen Napoleon-III.-Stil annäherten. Es gab enge, lockere und durchbrochene Geflechte. Die Möbel waren einfarbig, naturfarben oder mit Streifen und anderen geometrischen Mustern in Rot, Blau, Türkis, Grün oder Schwarz verziert. Die Produktion fand neben der privaten Nachfrage auch für die Ausstattung von Hotels, Schlössern und Kreuzschiffen Beachtung und umfasste Kanapees, Tische, Stühle, Sessel, Hocker, Bistrotische, Liegestühle und Nähtischchen. Erst nach dem Ersten Weltkrieg flaute die Nachfrage ab, erlebte aber in den 1950er-Jahren neuen Aufschwung. Heute überschwemmen Kopien aus Kunststoff den Markt.

RECHTE SEITE

Von der erstaunlichen Vielfalt an Formen und Geflechten zeugt diese Seite aus dem Katalog der Firma Maxime Clair und Söhne, 1911.

LINKS UND UNTEN

Geflochtener Korbstuhl und Korbsessel, Katalog der Manufacture Française d'Armes et Cycles de Saint-Étienne (Anfang 20. Jahrhundert).

Korbweide

Ähnlich vertraut wie die Kastanie ist uns die Korbweide. Sie ist relativ klein, braucht viel Feuchtigkeit und wächst vornehmlich entlang kleiner Flüsse und Bäche. In Frankreich, wo sie einst fast überall vorhanden war, findet man sie heute vornehmlich noch in zwei Regionen: in der Touraine nahe dem Höhlendorf Villaines-les-Rochers und in der Haute-Marne, vor allem rund um das Dorf Fayl-Billot. Geerntet wird nach dem ersten Raureif im Herbst bis in den Februar hinein. Die Ruten werden abgeschnitten, gebündelt und bis zum Frühjahr in Wasserbecken gelagert, weil sie in dieser Zeit in Saft kommen. Nach dem Schälen sind sie hellbeige, fast weiß. Sie werden erneut gebündelt und an einem trockenen und dunklen Ort aufbewahrt. Korbweide wird als ganze Rute oder gesplisst verarbeitet.

Der Import von Rattanmöbeln aus China gegen Ende des 19. Jahrhunderts löste bei den europäischen Herstellern gleichsam einen Schock aus. Zwar begannen sie bald mit der Verarbeitung von eingeführtem Rattan, doch die schönen, nicht teuren Weidenruten standen praktisch vor der Tür, und die erforderlichen Fertigkeiten waren seit Jahrhunderten überliefert. Nun stellten die Korbflechter vor allem Gebrauchsgegenstände in großen Mengen her und nur zu einem geringen Anteil auch Möbel, doch das sollte sich bald ändern. Bereits Anfang des 20. Jahrhunderts umfasste das Angebot der Versandkataloge ebenso viele Korb- wie Rattanstühle.

Weidenruten lassen sich zu unterschiedlichsten Formen verflechten. Ihre schöne helle Farbe kann naturbelassen werden, doch ist das Lasieren oder Lackieren in verschiedenen Farben nicht ungewöhnlich. Damals tauchten zahlreiche Neuheiten auf, so etwa die »Flaneuse«, ein mit Kissen gepolsterter Stuhl, oder der so genannte »orientalische« Langstuhl, bei dem Sitz, Rücken- und Armlehnen ebenfalls mit Cretonne-Kissen gepolstert sind. Auch der Strandkorb für eine oder zwei Personen entstand in dieser Zeit. Sein dichtes Geflecht bietet hervorragenden Schutz gegen Wind. Auch Sessel mit thronähnlichen Rückenlehnen tauchten auf. Oft wurden Korb und Rattan kombiniert, wobei der Rahmen aus Korb und Sitzfläche, Lehnen und Tischplatten aus gesplissenem Rattan bestanden.

FÜR FLOHMARKTGÄNGER UND ANTIQUITÄTENLIEBHABER

Beim Kauf eines Korbstuhls sollte man sich vor allem vom guten Zustand der Sitzfläche überzeugen, die gerade und stabil sein muss und möglichst wenig gebrochene Bänder aufweisen sollte. Anfallende Reparaturen sollte man selbst ausführen können.

ZUM RESTAURIEREN
UND SELBERMACHEN

Korbmöbel werden mit in Wasser gelöstem Trinatriumphosphat gereinigt, gründlich abgespült und an einem schattigen Platz im Freien getrocknet. Im Laufe der Jahre nehmen Korbmöbel eine unschöne graue Färbung an. Die ursprüngliche helle Farbe kommt wieder zum Vorschein, wenn man das Möbelstück mit Wasser, dem man pro Liter etwa einen Esslöffel Chlor zugibt, und einer harten Naturbürste gründlich schrubbt, es sorgfältig abspült und trocknen lässt.

RECHTS UND UNTEN

Halb Möbel, halb Strauch: Hier wurden Weidenruten gepflanzt und dann zu Möbeln verflochten. Wenn man sie regelmäßig wie eine lebende Pflanze gießt, entsteht ein zartgrünes Blätterdach.

KORBMÖBEL AUS LEBENDER WEIDE

Diese reizvolle Tradition findet sich heute in einigen Privatgärten wieder. Aus dem »lebenden« Material werden vor allem Zäune und Tore geformt, obwohl man es auch für die Rückenlehne einer Bank oder für einen Gartenhocker verwenden kann. Um das Möbelstück zieht man einen etwa dreißig Zentimeter tiefen Graben und pflanzt frische Weidenruten, die man wie eine Rückenlehne nebeneinander oder über Kreuz anordnet. Nun braucht man nur noch regelmäßig und reichlich zu gießen. Schon bald wachsen neue Triebe, und es bildet sich ein hübsches Blätterkleid.

Der Lloyd Loom

FÜR FLOHMARKTGÄNGER
UND ANTIQUITÄTENLIEBHABER

Bei den Produkten, die heute unter der Bezeichnung »Lloyd Loom« erhältlich sind und von mehreren Firmen, unter anderem dem amerikanischen Unternehmen Lloyd-Flanders, hergestellt werden, handelt es sich um Nachahmungen. Die alten Stücke, namentlich die Lusty-Möbel, sind mit einem Etikett versehen, das eine Datierung zulässt. Allerdings sollte man sich zu diesem Zweck an einen Fachmann wenden.
Um einen echten Sessel von einer Nachahmung zu unterscheiden, kann man mit einem Magneten prüfen, ob das verarbeitete Material Draht enthält. Wertvoller als ein neu gestrichenes Stück ist ein Lloyd Loom in seiner Originalfarbe.
Der Preis richtet sich nach der Beschaffenheit des Stücks, dem Seltenheitswert und der Nachfrage (gesucht werden vor allem niedrige Tische, Kindermöbel und große Sofas).

1917 entwickelte der amerikanische Industrielle Marshall B. Lloyd ein neues Verfahren zur industriellen Fertigung von Korbprodukten. Er verwendete eine Faser aus gezwirntem und verklebtem Papier, die er mit Metalldrähten verstärkte. Sein Ziel war die Herstellung guter Flechtwaren ohne den Einsatz von Fachkräften. Normalerweise fertigt der Korbflechter zuerst einen Rahmen an, der anschließend umflochten wird. Lloyd wollte nun beide Arbeitsgänge trennen, indem er das Geflecht auf den Rahmen nageln ließ. Außerdem wurden die Fasern von großen Spulen abgewickelt, sodass keine Fugen entstanden und Verlängerungen überflüssig wurden, was bei Materialien wie Weide oder Rattan immer eine Schwachstelle ist. Den guten Eigenschaften dieser Faser und dem neuen Arbeitsverfahren verdankte Lloyd Loom seinen überragenden Erfolg. Es entstand ein Material, das sich sehr weich anfühlt, an dem die Kleidung nicht hängen bleibt, das gegen Hitze, Sonneneinstrahlung und Feuchtigkeit unempfindlich ist und sich auch nach langer Zeit nicht zersetzt, verformt oder bricht.
Zunächst produzierte Lloyd nur Kinder- und Puppenwagen, mit denen er großen Erfolg hatte. 1922 erweiterte er sein Sortiment und stellte auch Möbel her, die in kürzester Zeit den amerikanischen Markt eroberten. 1928 umfasste der Katalog der Firma Lloyd über achtzig Modelle. Ab 1933 ging die Produktion zurück und wurde in den Sechzigerjahren ganz eingestellt.
Die Geschichte des Lloyd Loom wäre möglicherweise auf Amerika beschränkt geblieben, hätte das neue Produkt nicht bei dem englischen Unternehmer William Lusty so großen Anklang gefunden. 1921 erwarb er die Lizenzrechte für Großbritannien. Nach anfänglichen Schwierigkeiten gelang Lusty der Durchbruch, und sein Betrieb produzierte ebenso viel wie das Unternehmen von Lloyd. Luxushotels, aber auch private Häuser und Wohnungen wurden mit den Möbeln ausgestattet. 1933 enthielt der Katalog über vierhundert Modelle: Sofas, Schaukelstühle, Chaiselongues, Bistrotische, Beistelltische, Nähkästchen, Kaminabschirmungen, Blumenkästen, Kindermöbel, Kleiderständer, Schreibtische, Truhen und Wäschekörbe. Im Krieg wurde die Fabrik durch deutsche Bomben zerstört. Lusty musste wieder bei null anfangen, doch die Nachfrage ging zurück, und 1968 wurde die Produktion nach kontinuierlichem Rückgang eingestellt.

ZUM RESTAURIEREN
UND SELBERMACHEN

Die oberflächliche Reinigung eines Lloyd-Loom-Stücks erfolgt mit einem Staubsauger. Nachdem man das Etikett sorgfältig abgeklebt hat, beginnt die eigentliche Reinigung mit dem Wasserstrahl oder mit einer weichen Bürste und Seifenlauge. Anschließend lässt man das Stück an der frischen Luft in der Sonne trocknen. Von einem Anstrich ist abzuraten. Entscheidet man sich dennoch für Farbe, sollte diese vorsichtig aufgesprüht werden, damit das Geflecht nicht »verstopft« wird.

OBEN

Jedes Stück, das die Fabrik von W. Lusty verließ, trug ein Etikett. Diese Etiketten geben heute relativ verlässlich Auskunft über das Herstellungsdatum.

RECHTE SEITE

Die mit Stahldraht verstärkte Papierfaser und ihre Herstellung haben die Welt des leichten Möbels revolutioniert. Dieser Sessel, der Klassiker von Lloyd Loom, war ursprünglich für den Garten gedacht, fand jedoch in den Dreißigerjahren den Weg in englische Wohnhäuser.

Edelkastanie und andere Asthölzer

LINKE SEITE UND OBEN

Möbel aus Astholz, sei es von der Edelkastanie, der Haselnuss oder sonstigen Bäumen, ähneln in gewisser Weise den Bauern, die sie einst fertigten, denn sie sind bodenständig, solide und anspruchslos. Einen besonderen Reiz gewinnen sie durch ihre Vergänglichkeit.

RECHTS UNTEN

Rustikaler Stuhl und Tisch mit Gartenlampe, »Les Besoins de la vie«, 1887.

Die ursprünglich aus Kleinasien stammende Edelkastanie war schon den Griechen und Römern bekannt. Letztere pflanzten sie im Zuge der Eroberung Mitteleuropas vor allem dort an, wo sie auch spontan wuchs. Der Baum wird wegen seiner Früchte und seines Holzes geschätzt, denn er liefert nicht nur Material für Zäune, Tore, Spaliere, Werkzeugstiele, Dachstühle und Umspannungen für Fässer und Tonnen, sondern auch für schlichte, rustikale Möbel. Nur wenige Bäume sind so pflegeleicht. Die Kastanie wächst schnell, ist anspruchslos und liefert leichtes und Wasser abweisendes Holz, das sich gut spalten und verarbeiten lässt. Kastanien können bis zu 30 Meter hoch werden. Wirtschaftlich rentabel ist vor allem das Stammholz. Wenn man eine Edelkastanie fällt, bilden sich aus dem Baumstumpf neue Triebe.

Das Holz wird in der Regel von Oktober bis März geschlagen. Schösslinge und Zweige werden abgetrennt, und nach dem jeweiligen Verwendungszweck werden Stamm- und Astholz zu Brettern und Latten oder Stangen und Pfählen verarbeitet. Vor dem Bündeln wird die Rinde entfernt. Das Holz kann aber auch mit Rinde trocknen.

ZUM RESTAURIEREN UND SELBERMACHEN

Kastanienmöbel sind nicht wetterbeständig und müssen im Haus untergestellt werden, was wegen ihres geringen Gewichts auch unproblematisch ist. Ein weiterer Vorteil: Sie benötigen keinerlei Pflege.

Für die Herstellung von Möbeln werden vor allem dünne Zweige, so genannte »Ruten«, und belaubte Äste verwendet, die früher hauptsächlich für die Umspannung von Weinfässern benötigt wurden. Diese ungeschälten Ruten haben eine schöne hellbraune, leicht gräuliche Farbe.

Astreste werden mit einem sehr scharfen, flachen Messer entfernt, das der Flechter mit beiden Händen über die Rinde zieht. Die weiße Schnittstelle und die braune Farbe der Ruten verleihen Kastanienmöbeln ihr rustikales, natürliches Aussehen. Die Ruten werden anschließend in kochendem Wasser erhitzt und über einem Holzbock in die gewünschte Form gebogen. Dünnere Zweige werden für die Sitzrundung der traditionellen »Dogensessel« und andere Stühle verwendet. Die gesplissenen, dünnen Streifen werden geflochten, auf gebogenen Ruten befestigt und zu flexiblen Rückenlehnen verarbeitet.

Kastanienmöbel sind urwüchsig und schlicht. Seit Jahrhunderten werden diese Möbel für den Hausgebrauch von Bauern oder Knechten selbst hergestellt. Andere heimische Hölzer wie der Haselnussstrauch werden auf gleiche Weise verarbeitet. Heute werden die behaglichen Möbel, die manche Erinnerung wachrufen, wieder in kleinen Serien gefertigt.

Neben dieser kunsthandwerklichen Verwendung wurde das stabile und preiswerte Holz der Edelkastanie Ende des 19. Jahrhunderts auch vielfach für die Rahmen von Gartenmöbeln verwendet, die mit Rattan- oder Korbgeflecht bespannt wurden.

LINKS

Hinter dem rustikalen Erscheinungsbild dieses Blumenständers verbirgt sich eine ausgesprochen sorgfältige Verarbeitung.

MITTE

Sessel aus gebogenen Haselnussruten, ein Klassiker seiner Zeit.

RECHTS

Ein kleiner Schrank aus Rinde und Zweigen.

OBEN

Geflößtes, entrindetes Holz, das wie poliert wirkt, regt die Fantasie an. Die Suche nach langen und gebogenen Ästen wie für diese ausgefallene Bank erfordert unter Umständen etwas Geduld.

MITTE

Ein Fries aus sorgfältig angeordneten kleinen Hölzern unterhalb der Tischkante ziert dieses rustikale Gartenmöbel.

FÜR FLOHMARKTGÄNGER UND ANTIQUITÄTENLIEBHABER

Bäuerliche Kastanienmöbel, die man heute noch auf Flohmärkten findet, sind meistens kaum älter als vierzig oder fünfzig Jahre. Doch auch wenn sie erst in jüngster Zeit hergestellt wurden, verbreiten sie durch ihr ursprüngliches Material und die schlichte Verarbeitung den Charme volkstümlicher Kunst.
Hin und wieder findet man Kuriositäten, Einzelstücke aus gewöhnlichen Hölzern mit kreis- oder halbkreisförmigem Querschnitt. Ihr Preis hängt ab von der Originalität des Stückes, seiner Verarbeitung und dem jeweiligen Zustand. Vom Kauf schlecht erhaltener Stücke ist abzuraten, denn größere Restaurierungsarbeiten sind nicht einfach durchzuführen.

Liegestühle

OBEN UND UNTEN

Zusammenklappbare Liegestühle aus Rohrgeflecht oder besticktem Tuch und verstellbare Deckchairs aus dem Katalog der Firma Maxime Clair und Söhne, 1911.

RECHTE SEITE

Die Liegestühle oben aus feinem Rattangeflecht und einem Bambusgestell bestechen durch ihre Flexibilität, Leichtigkeit und Bequemlichkeit. Unten ein Gemälde von P. S. Kroyer (1893), die Frau des Künstlers darstellend.

NACHFOLGENDE DOPPELSEITE

Links verschiedene Liegestuhlmodelle aus dem Katalog der Firma Maxime Clair und Söhne, 1911. Rechts Deckchairs aus Teakholz.

Der Vorgänger des Liegestuhls stammt aus der Epoche Ludwigs XV. Es handelt sich um einen tiefen, gepolsterten Lehnsessel mit einem Verlängerungsteil für die Beine. Es gab ein- bis dreiteilige Ausführungen.
Im 19. Jahrhundert ging man dazu über, diese Sitzgelegenheiten auch als Gartenmöbel zu konzipieren. Zu diesem Zweck verzichtete man auf das Polster und schuf eine reine Holzausführung, deren zwei oder drei Teile mit Scharnieren versehen wurden: Der Liegestuhl-Klassiker war geboren. Anfangs wurde er auf Bestellung oder in kleinen Serien aus Buche oder Esche gefertigt, Ende des 19. Jahrhunderts ging er im Zuge des Imports von Teakholz in die Serienproduktion.
Etwa zur selben Zeit tauchten auch Modelle aus Korbgeflecht auf, deren Leichtigkeit, Schönheit und Bequemlichkeit sofort auf große Resonanz stießen. Rattan-Liegestühle und ihre fernöstlich inspirierten Varianten wurden zu Tausenden produziert, sowohl in Einzelstücken als auch serienmäßig. Die Stühle waren einteilig oder bestanden aus drei zusammenklappbaren Teilen; gelegentlich war die Rückenlehne verstellbar. Es gab Modelle mit und ohne Kopfstütze, Armlehnen aus Leder, Segeltuch oder mit Polster sowie Ausführungen mit einem rechteckigen, mit Segeltuch bespannten Sonnenschirm. Die Flechtmuster und Farben waren vielfältig.

ZUM RESTAURIEREN UND SELBERMACHEN

Schäden am Gestell des Liegestuhls können von einem Tischler behoben werden. Auch Metallscharniere sind leicht zu ersetzen. Stühle aus Buche oder anderen europäischen Hölzern werden zwei- oder dreimal pro Jahr mit Wachs behandelt. Auf Teakholzstühle trägt man mit einem Pinsel Teakholzöl, Leinöl oder flüssiges Bienenwachs (ohne Silikon) auf. Die Metallscharniere werden mit einigen Tropfen Öl geschmiert.

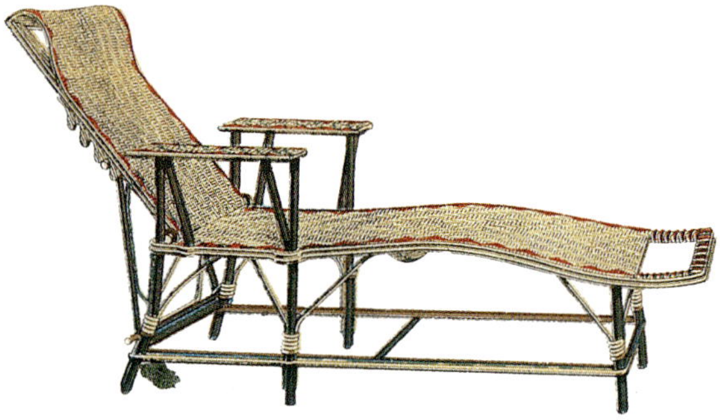
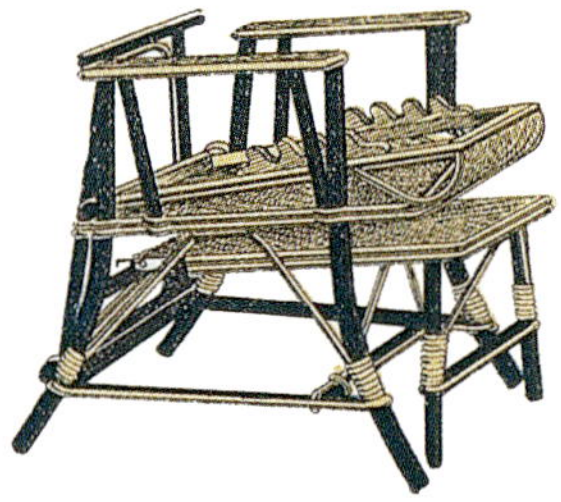

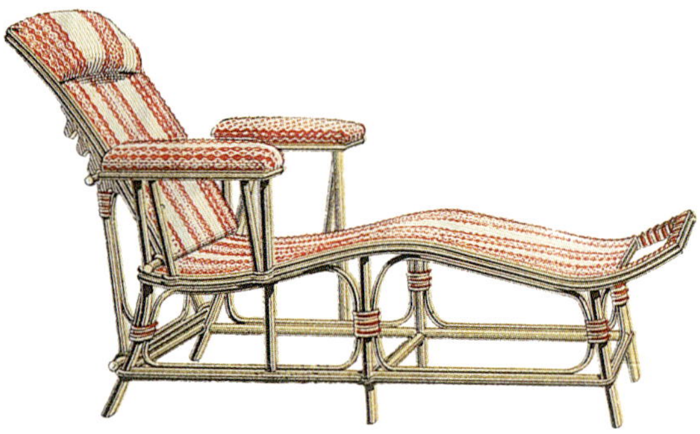

DECKCHAIRS FÜR ÜBERSEEDAMPFER

An der Wende vom 19. zum 20. Jahrhundert waren Kreuzfahrten sehr beliebt. Auch hier bestimmte der Bedarf die Funktion: Da viele Passagiere an Deck die frische Luft genießen wollten, fertigte man für sie Liegestühle mit einer kleinen Fußstütze an. Sie mussten widerstandsfähig, bequem und leicht zusammenklappbar sein. Anfangs waren sie ganz aus Holz. Mit der Zeit wurden sie zunehmend leichter und platzsparender dank der auch heute noch üblichen Schrägverstellung und der Kombination von Holz und Rohr beziehungsweise Segeltuch.

Klappstühle

Der Drang des Menschen, mehr Zeit im Freien zu verbringen und in die Natur zu gehen, die aufkommende Begeisterung für Camping und die Entwicklung des Sports verlangten von den Möbelherstellern in der zweiten Hälfte des 19. Jahrhunderts viel Einfallsreichtum. Für die Bequemlichkeit des Sonntagsmalers, des Anglers oder Jägers erfanden sie leichte Klappstühle, die man überallhin mitnehmen konnte.

Die einfachste Ausführung sind Klapphocker aus lackierten Holzlatten mit einem leichten Metallgestell oder ganz aus lackiertem Metall. Zusammengeklappt sind sie flach wie ein Brett. Ein etwas ausgefeilteres Modell mit demselben Mechanismus hat einen Sitz aus Rohrgeflecht. Einige Modelle eignen sich auch für abschüssiges Gelände. Eine Neuheit für Jäger ist der so genannte Jagdstock aus lackiertem Holz und Metall, ein Stock mit einer Platte, die sich als behelfsmäßiger Sitz herunterklappen lässt.

Der klappbare Strandstuhl kombiniert Eleganz mit zwangloser Entspannung. Sein Gestell besteht aus lackiertem oder bemaltem Eschenholz, teils in Form eines Bambusimitats; die Sitzfläche ist aus kräftigem, gestreiftem Segeltuch. Ähnlich gefertigt und kaum schwerer sind die Klappstühle. Sie sind nach demselben Prinzip wie die Hocker gebaut und zusätzlich mit einer Rückenlehne versehen. Sitzfläche und Rückenlehne bestehen aus ein- oder zweiteiligem, gestreiftem Segeltuch. Die luxurióseste Ausführung ist der Klappsessel. Auf dem Bambusgestell sind eine Sitzfläche aus Rohrgeflecht und eine Rückenlehne aus Tuch angebracht, das nach Art der Wandteppiche bestickt ist und auch die weichen Armlehnen überzieht.

Eine weitere Abwandlung des Tuchsessels ist der Vorfahre des heutigen Regiestuhls. Sein Gestell ist aus gedrechseltem Holz, während die Rückenlehne aus einem schmalen, quer gestreiften Stück Segeltuch besteht. Die meisten dieser Sitze gibt es in drei Größen: für Männer, Frauen und Kinder.

UNTEN

Eine Reihe von »Künstlerstühlen« und »Senatorensesseln« aus Esche oder Bambus, abgebildet in dem Katalog der Firma Maxime Clair und Söhne, 1911.

RECHTE SEITE

Sonntagsmaler, Jäger, Angler und Spaziergänger, die sich eine Mußestunde gönnen wollten, verließen das Haus nicht ohne Klapphocker.

FÜR FLOHMARKTGÄNGER UND ANTIQUITÄTENLIEBHABER

Kleine Holzhocker findet man zu günstigen Preisen. Klappstühle wie unten abgebildet sind normalerweise restauriert und nicht mehr mit dem Originaltuch bespannt.

Selbst das reputierliche Haus Thonet bediente mit diesem Klappstuhl-Modell die aufkommende Mode.

Hängematten ...

Gegen Ende des 19. Jahrhunderts entstand im Zuge der sich entwickelnden Freizeitbeschäftigungen an der frischen Luft eine neue Lebensart in der freien Natur. So kam auch die Hängematte, dieses eigenartige, aus Südamerika stammende Bett, das auf Segelschiffen schon lange in Gebrauch war, zu neuen Ehren. Meistenteils bestanden Hängematten aus ungebleichtem Hanf oder buntem Baumwolltuch, einige waren mit Trennstäben aus Buche versehen, es gab aber auch Modelle aus Drahtgaze. Sie gehörten zum Gepäck und wurden als solches in einer Reisetasche verstaut. Für baumlose Gegenden nahm man zusätzlich ein zusammenklappbares Gestell mit, bestehend aus einer durchgehenden Querstange, die auf zwei v-förmigen Stützen ruhte und an der die Hängematte aufgehängt wurde. Eine Besonderheit war zu Beginn des Jahrhunderts der Hängesessel. Dabei handelte es sich um eine Hängematte aus kräftigem Baumwollgewebe mit gepolstertem Kopfteil in Form eines losen Kissens und einer Vorrichtung aus Holzlamellen, die zwei Positionen zulässt: sitzend oder liegend. Ein etwas ausgefeilteres Modell, der so genannte »amerikanische Hängesessel«, ähnelte eher einem Liegestuhl als einer Hängematte: An einer Metallstütze war ein Stuhl angebracht, auf dem man ebenfalls sowohl sitzen als auch liegen konnte. Die letzte Abwandlung der Hängematte: der aufgehängte Schaukelstuhl, ebenfalls auf einem festen, zusammenklappbaren Gestell montiert. All diese Modelle gab es selbstverständlich für Männer, Frauen, Kinder und Babys.

LINKE SEITE

Diese beiden Hängematten im mexikanischen Stil aus Baumwolltuch mit breit gebündelten Fransen erwecken Träume von genussvollen Stunden im Garten oder dem süßen Nichtstun im Urlaub.

UNTEN

Drei Hängematten aus dem Katalog der Manufacture Française d'Armes et Cycles de Saint-Étienne (Anfang 20. Jahrhundert).

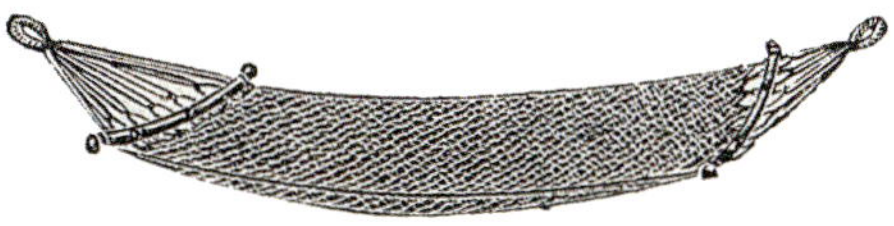

RECHTS

Ob aus einfachem Segeltuch oder fein gehäkelt: Die Hängematte findet sowohl im Garten, auf der Veranda als auch auf dem Balkon Platz.

LINKS

»Oktober«, Gemälde von K. Ferenczy (1862–1917).

RECHTE SEITE

Oben der klassische große Sonnenschirm aus ungebleichtem Tuch. Anfang des Jahrhunderts bewiesen die Hersteller Einfallsreichtum und Fantasie, wovon auch die Versandkataloge zeugen. Unten verschiedene englische Sitzmöbel mit Sonnenschirm (19. Jahrhundert).

… und Sonnenschirme

Zu einer Zeit, als ein heller Teint dem Schönheitsideal entsprach, waren große und kleine Sonnenschirme unverzichtbar für jeden, der seinen Garten oder das Strandleben genießen wollte, ohne sich direkt der Sonne auszusetzen. Die Sonnenschirme bestanden aus ungebleichtem oder gestreiftem Tuch mit oder ohne Fransen, rund oder in Pagodenform. Einige konnten mit einem Metallgreifer an der Rückseite der Gartenstühle oder -sessel befestigt werden. Die Eisentische waren bereits mit einem Loch als Halterung für den Stiel versehen.

Sonnenschirme konnten auch mit anderen Sitzgelegenheiten kombiniert werden. Einige Bänke waren über die gesamte Länge mit einem Sonnenschutz in Form eines Daches überspannt, das auf einer Metallstange ruhte, die auf zwei seitlichen Pfosten befestigt war. Viele Stühle, Klappsessel und Schaukelstühle waren ebenfalls mit einem Sonnenschirm ausgerüstet, zu dem ein festes, rechteckiges Gestell gehörte. Bei einigen Modellen konnte man an beiden Seiten des Sessels passende Vorhänge herablassen: der komplette Schutz!

FÜR FLOHMARKTGÄNGER
UND ANTIQUITÄTENLIEBHABER

Hängematten und Sonnenschirme aus dem 19. Jahrhundert sind kaum noch erhältlich. Bestenfalls findet man Exemplare aus den 1950er-Jahren mit möglicherweise leicht kitschigem Einschlag.

ZUM RESTAURIEREN
UND SELBERMACHEN

Zur Reinigung eines Sonnenschirms wird der Schirm aufgespannt und die Bespannung kräftig mit Seifenlauge abgeschrubbt. Vor dem Zusammenklappen gut trocknen lassen.

Lampen und Laternen

Spiele im Freien

Volieren und Vogelkäfige

Nisthöhlen, Futter- und Badeplätze für Vögel

Vogelscheuchen

Körbe, Kästen und Kiepen

Accessoires

Gartengeräte

Glocken, Gewächshäuser und Gießkannen

Schub- und Sackkarren

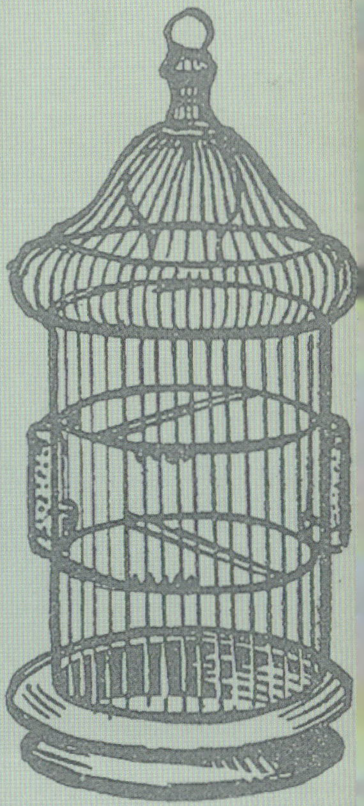

Lampen und Laternen

FÜR FLOHMARKTGÄNGER UND ANTIQUITÄTENLIEBHABER

Auf Flohmärkten gibt es hübsche und preiswerte Laternen aller Art. Leider ist das Glas meistens nicht erhalten. Aus Asien kommen viele Nachbauten. Diesen Exemplaren fehlt meist die kleine Unregelmäßigkeit, die rostige Stelle, die nostalgische Patina. Sie sind aber nicht minder dekorativ. Von der alten Handlaterne aus rostigem Eisenblech bis hin zur schönen, glänzenden Messinglampe entfalten all diese mit Kerzen versehenen Schiffsleuchten im Garten große Wirkung. Reproduktionen alter Öl- oder Gaslampen aus Kupfer und Eisen, beiderseits der Eingangstür platziert, stellen ebenfalls aparte Lichtquellen dar.

In ländlichen Gebieten war die Öllampe bis in die 1930er-Jahre das Hauptbeleuchtungsmittel. Sie war mit einem Eisenstift zum Aufhängen an die Wand oder an einen Pfosten versehen. Die aus Keramik, Messing, Bronze oder Kupfer hergestellte Lampe wurde mit Walnuss-, Haselnuss-, Mandel- oder Rapsöl betrieben, je nachdem, was regional angebaut wurde. Öllampen gab es auch in Form von Laternen, einem metallenen Gerüst aus Bronze und später aus Eisen, Kupfer oder bemaltem Eisenblech. Die Flamme im Inneren wurde durch Wandungen aus durchscheinendem Ölpapier oder Horn geschützt. Im Laufe der Zeit wurden diese Wandungen durch Glasfenster ersetzt. Großformatige Laternen dienten auch in Wohnhäusern und Schlössern als Beleuchtung für Treppenhäuser und Eingänge.

Im 19. Jahrhundert fand die Konstruktion aus Eisen und Glas immer größere Verbreitung. Im Inneren der Laterne brannte eine Kerze. Das Glasgehäuse war zum Schutz mit einem gitterartigen Drahtgewebe umgeben, und obenauf befand sich eine Abzugshaube. Nur die höheren Schichten und der Klerus konnten sich Bienenwachs leisten. Die Landbevölkerung verwendete Kerzen aus Talg. Die durch den französischen Chemiker Chevreul (1786–1889) entdeckte Stearinsäure ermöglichte schließlich die Herstellung der Haushaltskerze, wie wir sie kennen: Sie brannte in Kronleuchtern, Laternen und Sturmlaternen.

Die Erfindung der Petroleumlampe um 1870 stellte einen beachtlichen Fortschritt dar. Die Lampe bestand aus einem mit Petroleum gefüllten Behälter und einem Docht, der durch Kapillarwirkung in einer mit Löchern versehenen Kammer verbrannte. Durch die Luftzufuhr wurde der Verbrennungsvorgang in der Kammer aktiviert. Die Benzinlampe funktionierte nach einem ähnlichen Prinzip, wobei die Luftzufuhr überflüssig wurde.

Der nächste bedeutende Fortschritt kam gegen Ende des 19. Jahrhunderts in Gestalt der Karbidlampe, auch Acetylenlampe genannt: Ein erster Metalltank enthielt Kalziumkarbid, das unter Einwirkung von Wasser aus einem zweiten Tank Acetylengas erzeugte; verbrannte das Gas dann über einer

UNTEN

Mehrere Modelle japanischer Laternen, die Anfang des 19. Jahrhunderts vor allem in England beliebt waren.

RECHTE SEITE

Die kleine, verglaste Eisenlampe ist ideal für den Garten. Man hängt sie zu mehreren in einen Baum, entweder mit einer einfachen Kerze darin oder mit einer elektrischen Glühbirne.

NACHFOLGENDE DOPPELSEITE

Wandleuchten aus Metall, alte Straßenlaternen, Laternen und ausgediente, zu Windlichtern umfunktionierte Marmeladengläser sind als Gartenbeleuchtung geeignet und erzeugen eine schöne Stimmung.

LINKS

Keramikleuchter zieren eine windgeschützte Ecke der Terrasse.

RECHTE SEITE

Durch die großen Windlichter aus Glas wirkt dieser Garten am Strand wie verzaubert.

FÜR FLOHMARKTGÄNGER UND ANTIQUITÄTENLIEBHABER

Alle möglichen Gegenstände lassen sich zu Beleuchtungskörpern umfunktionieren: Obstpflücker aus Drahtgeflecht oder Eisenblech mit gezackten Rändern, die nicht selten auch eine dekorative Blumen- oder Blattbordüre ziert, eignen sich gut als Fackeln. Aus Marmeladengläsern, Harztontöpfen und Joghurtgläsern, in die man ein kleines Licht stellt, zaubert man magische Lichtergirlanden in einer Allee, auf einer Treppe, einer kleinen Mauer oder einem Tisch.

Düse, entstand Licht. Diese gleichermaßen nützliche wie sichere Erfindung hatte nur einen Nachteil: Sie war sehr geruchsintensiv – weswegen sie auch eher im Freien zum Einsatz kam.

Unterwegs benutzten Bauern, Bergwanderer oder auch die ersten Camper Sturmlaternen aus verzinntem Eisen, die durch eine Abdeckung aus Metall geschützt waren.

In Paris wurde die Straßenbeleuchtung unter Ludwig XIV. um 1670 durch den Polizeichef La Reynie eingeführt. Wozu man diese Straßenlaternen während der Revolution benutzte, ist durch den Refrain »Aristokraten an die Laternen« in der französischen Nationalhymne überliefert. Die an den Hauswänden befestigten Wandlaternen wurden wie die 1766 eingeführten frei stehenden Straßenlaternen mit allen erdenklichen Brennstoffen betrieben: Harz, Wachs, Rapsöl, mit aus tierischen Innereien gewonnenen Fetten, mit Gas (um 1830) und Elektrizität (in den 1920er-Jahren). Sie waren so robust, dass sie bis heute in den meisten Städten überdauert haben. In England beleuchtete man die viktorianischen Gärten mit Gaslampen aus Guss oder Schmiedeeisen, die Furore machten. Zu Beginn des 20. Jahrhunderts setzten sich in den Gärten Hängelampen aus vernickeltem Kupfer durch, deren in Metall gefasste Brennerdüse von einer Schutzglocke umgeben war.

ZUM RESTAURIEREN UND SELBERMACHEN

Für manch einen ist es der Rost, der die kleinen, alten Laternen so reizvoll macht. Wenn man anderer Meinung ist, schmirgelt man die Metallteile so lange, bis der Rost verschwindet. Dann wischt man den Staub ab und trägt mit dem Pinsel ein Rostschutzmittel auf. Für einen neuen Anstrich empfiehlt sich Metallfarbe. Reiben Sie Kupfer- und Messingteile mit einer Mischung aus Salz und Zitrone ein; danach abspülen und blank polieren.

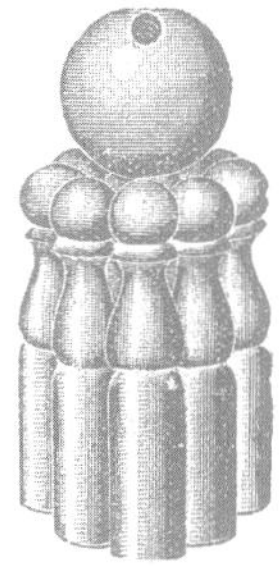

Spiele im Freien

Im 18. Jahrhundert legten die Engländer die ersten *pleasure gardens* an, und auch die Franzosen hatten großes Interesse an Spiel und Sport im Freien. Ein Paradebeispiel dafür ist der mit Rutschen, Schaukeln und Achterbahnen für Erwachsene ausgestattete Schlosspark von Rambouillet. Im 19. Jahrhundert fanden sich dann auch in den einfacheren Gärten Schaukeln, Boulebahnen und Anlagen zum Bogenschießen.

Am Übergang vom 19. zum 20. Jahrhundert war das Spektrum derartiger Vergnügungen erstaunlich vielfältig. Einige sind etwas in Vergessenheit geraten, wie etwa das Spirobole, im englischen Sprachraum als Tetherball bekannt, für das man zwei Stöcke und einen Ring benötigt. Andere Spiele haben bis heute überdauert, begeistern aber nur noch die Kinder, wie Diabolo, Stelzenlauf oder Bilboquet, die man einzeln spielt. Gruppenspiele wie Krocket oder Badminton sieht man in öffentlichen Parks kaum noch. Kugel- und Kegelspiele standen in Europa hingegen über Jahrhunderte hinweg an der Spitze der Beliebtheitsskala. Während sich das Boulespiel weiterhin großer Beliebtheit erfreut, widmet man sich dem Kegeln im Freien mittlerweile eher selten.

LINKE SEITE

Die oben abgebildeten alten Holzkegel standen bei Kindern wie Erwachsenen jahrzehntelang ganz oben auf der Beliebtheitsskala.

UNTEN

Genagelte Kugeln haben so gut wie ausgedient. Allerdings haben die schönen Kugeln einigen Sammlerwert.

Das Boulespiel wird hauptsächlich Frankreich zugeordnet, doch Varianten gibt es in ganz Europa: So spielt man in Irland, den Niederlanden und Norddeutschland Boßeln, in Italien hingegen Boccia.

ZUM RESTAURIEREN
UND SELBERMACHEN

Um diese hübschen genagelten Kugeln auf Hochglanz zu bringen, bearbeitet man sie mit Glaswolle und poliert sie anschließend mit einem Tuch.

Boulespiele existieren in Frankreich in verschiedenen regionalen Varianten. Die Bevölkerung an der Loire hat ihr *Boule de fort* für drinnen; das Pariser Boulespiel wird auch *Boule de berge* genannt. Die Lyoner spielen mit schweren Kugeln von etwa 10 cm Durchmesser. Im Süden gibt es wiederum das *Jeu provençal,* bei dem eine Kugel von 7 bis 8 cm Durchmesser mit voller Kraft auf eine 15 bis 21 Meter lange Bahn geworfen wird. Und das *Pétanque,* eine weitere Spielart, hat sich 1910 in La Ciotat durchgesetzt; der Name ist abgeleitet von dem provenzalischen Ausdruck *ped tanco* und bedeutet »aus dem Stand«. Die Bahnlänge beträgt hier nur 6 bis 8 Meter. Die Kugeln haben sich im Laufe der Jahrhunderte weiterentwickelt. Im 19. Jahrhundert wurde die ursprüngliche Steinkugel durch eine Kugel aus massivem Holz ersetzt; in der Regel wurde sie aus hartem Ulmenholz oder, noch besser, aus Buchsbaum hergestellt. Um die Kugeln haltbarer zu machen, wurden sie ab 1880 rundherum mit Nägeln beschlagen. Bei einigen Kugeln bildeten diese Vernagelungen aus Eisen, Messing oder Kupfer dekorative geometrische Muster. Andere waren unscheinbarer: grobe, runde Nägel für das Spiel auf Asphalt, hübsche quadratische Nägel für die Dame, quadratische, größere Nägel für so genannte Wurfkugeln, gewölbte, rostfreie oder verzinkte Nägel, die so angeordnet waren, dass sie entweder eine gleichmäßig glatte Oberfläche oder einen schuppigen Beschlag ergaben. Zu Beginn des 20. Jahrhunderts wurden die vernagelten Kugeln durch Metallkugeln ersetzt.

Die auf Ägypten zurückgehenden Kegel wurden in Deutschland erstmals im 13. Jahrhundert erwähnt. Kegeln war ausgesprochen beliebt, wurde aber rasch zu einem Glücks- und Wettspiel und daher verboten. Im Jahr 1468 wurde das Kegeln bei Kirchweihfesten wieder erlaubt. Um 1600 war es in der gesamten Bevölkerung als Unterhaltung etabliert. Die Zahl der Kegel variierte regional: In Frankreich wurde mit acht Kegeln aus Ulmenholz gespielt – einer für jede Todsünde und der achte für den Teufel –, in späterer Zeit dann mit neun Kegeln, die in drei Reihen aufgestellt waren. In Ostschlesien spielt man mit 15 bis 17 Kugeln. Auch die Engländer fanden Gefallen am Kegeln, das sich Ende des 19. Jahrhunderts zum Bowling weiterentwickelte. Zu Beginn des 20. Jahrhunderts tauchten weitere Geschicklichkeitsspiele mit Ringen oder Pfeilen auf; eines davon war das *Jeu des tonneaux,* auch als *Jeu de grenouille* bekannt, mit einem abgeschrägten Tisch aus Eichenholz, der mit Metallfröschen, Bögen und Löchern versehen war und auf den der Spieler seine Kugeln warf. Unter jedem Loch befand sich ein Fach, das mit einer Punktzahl versehen war. Eric Satie benannte gar eine Komposition nach diesem Spiel.

FÜR FLOHMARKTGÄNGER
UND ANTIQUITÄTENLIEBHABER

Krocketspiele werden in einem Holzkasten angeboten, der in der Regel acht Krockethämmer aus Buche mit einem Griff aus Esche, Krockettore aus Metall und Krocketpfähle beinhaltet.
Alte Badmintonschläger haben einen Rahmen aus Eschenholz, der mit Darmsaiten bespannt ist. Dazu gehören ein mit weißen Federn bestückter Ball und ein sechs Meter langes Netz mit Pfählen zum Abstecken der Spielfläche.
Genagelte Boulekugeln lassen sich relativ leicht auftreiben: Sie sind praktisch unverwüstlich. Auch traditionelle Tonneaux- und Kegelspiele sind erhältlich. Sie sehen schön aus und sind nach einer kleineren Restaurierung auch wieder funktionstüchtig.

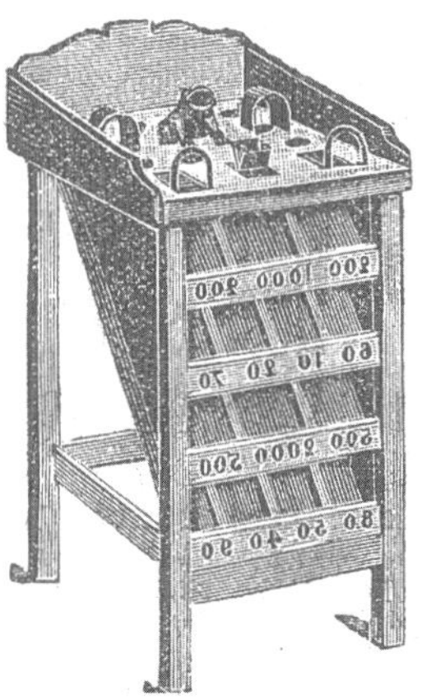

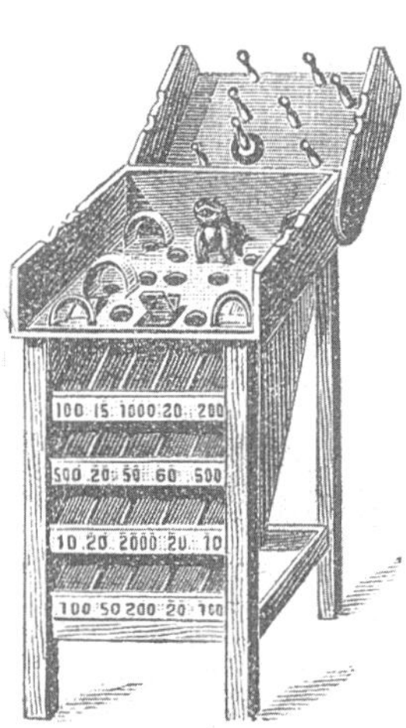

UNTEN

Zwei Tonneaux-Spiele aus dem Katalog der Manufacture Française d'Armes et Cycles de Saint-Étienne, 1913.

RECHTE SEITE

Anfang des 20. Jahrhunderts waren Freiluftspiele sehr beliebt, vor allem Krocket (oben), Badminton und das Tonneaux-Spiel.

obert Sallès

·Le Jeu de Tonneau·

Volieren und Vogelkäfige

Der Mensch hat sich von jeher als Vogelfänger betätigt. In China, wo diese Tradition noch immer lebendig ist, führen die Menschen ihre Singvögel in kleinen Käfigen durch öffentliche Anlagen spazieren. Auch die reichen Römer waren als Vogelliebhaber bekannt, und in einer noch nicht allzu fernen Vergangenheit beherbergten die Schlösser von Saint James Park, Versailles und Schönbrunn prächtige Vogelvolieren. Am Ende des 18. Jahrhunderts begeisterte sich ganz Europa für naturkundliche Themen und insbesondere für Vogelkunde. Im Jardin des Plantes in Paris wurde eine große Voliere angelegt. In Berlin verbrachte die königliche Familie ihre Sommer auf der Pfaueninsel. Vogelliebhaber umgaben sich mit Tauben, Schwalben, Hänflingen, Gimpeln und Singdrosseln; Pfauen stolzierten auf Parkwegen, und die Luft war vom Gesang und Zwitschern unzähliger Exoten wie Kanarienvögel, Papageien oder Sittiche erfüllt.

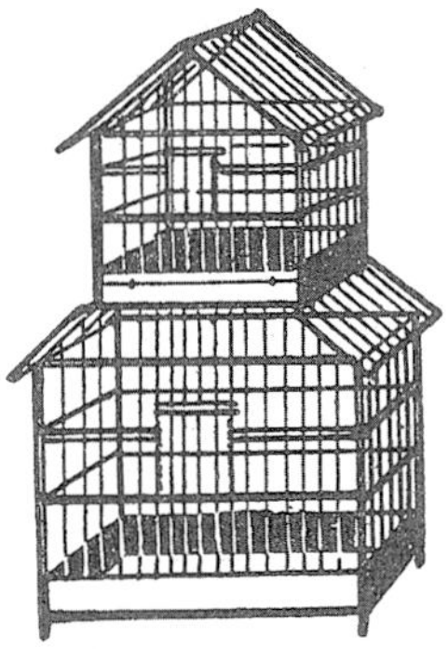

Die Vielfalt der Stile erstreckt sich vom kleinsten Vogelbauer bis zur großen Voliere. In der einfachen Ausführung sind die Käfige eher klein, für ein oder zwei Vögel bestimmt, und aus schlichten Materialien wie Kastanienholz, Bambus oder Weidenrohr; darüber hinaus gibt es Holz-Metall-Konstruktionen. Der ländlich-rustikale, anspruchslose Stil verleiht ihnen ihren Charme. Für die kunstvolleren klassischen Modelle wurden anfangs Edelhölzer wie Mahagoni verarbeitet, im 19. Jahrhundert folgten Gitter aus Metall oder feinem Rohrgeflecht, und im 20. Jahrhundert kam Messing hinzu. Die Käfige waren hoch und hatten nicht selten zwei Stockwerke. Durch senkrecht eingezogene Trennwände entstanden Bereiche für jeweils ein oder zwei Tiere. Das Modell »Chalet« war mit einem Spitzdach versehen, während der »Pavillon« sich über mehrere Etagen erstreckte.

Andere Käfige waren verschiedenen Stilepochen der Architektur nachempfunden: gotischen Kirchen, Schlössern, Pyramiden, orientalischen Palästen oder Pagoden in Kleinformat. In den 1930er-Jahren erreichten sie wahrhaft imposante Ausmaße bis hin zu Wolkenkratzerimitationen. Durch ihre großzügigen Raummaße boten sie Platz für Dutzende von Vögeln, sodass sie vor allem für Palmenhäuser geeignet waren.

Käfige für draußen und Volieren sind im Allgemeinen aus Metall gefertigt, das zum Schutz gegen Korrosion angestrichen wird. Oft stehen sie in Augenhöhe des Betrachters auf einem ebenfalls metallenen Sockel.

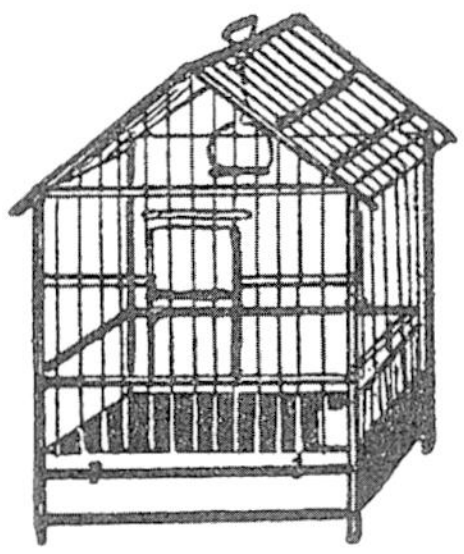

FÜR FLOHMARKTGÄNGER UND ANTIQUITÄTENLIEBHABER

Käfige aus Korbgeflecht sind wegen der Anfälligkeit des Materials kaum zu finden. Weit robuster sind Käfige aus Metall, auch wenn sie bisweilen Roststellen haben. Der Kaufpreis hängt von der Größe, der handwerklichen Qualität, der Originalität der Gestaltung und dem Zustand ab.

LINKS

Die Käfigmodelle stammen aus dem »Nouveau Dictionnaire de la Vie Pratique«, Hachette, 1923. Oben wird ein Käfig mit Kuppel gezeigt, unten ein so genannter »Pavillon« mit mehreren Etagen.

OBEN

Oben ein Käfig mit zwei gewölbten Dächern für ein Vogelpaar; darunter ein so sogenanntes »Chalet«.

Grav. 632. — Volière.

OBEN

Diese große, an die Wand gebaute Vogelvoliere war für Schlossgärten bestimmt.

OBEN LINKS UND LINKS

Schlichte kleine Käfige als Blickfang an der Mauer.

OBEN RECHTS

Architektonisch gestaltete Vogelkäfige waren für Veranden und Wintergärten bestimmt. Die häufig aus edlen Hölzern gefertigten Modelle waren wegen ihrer kunstvollen Verarbeitung sehr begehrt – und sind es bis heute.

ZUM RESTAURIEREN
UND SELBERMACHEN

Möchte man einen Käfig in gutem Zustand erhalten, räumt man ihn bei schlechter Witterung besser ein. Gereinigt werden Käfige mit einer sanften Lauge und dann gründlich abgetrocknet.
So aufwendig das Beseitigen von Roststellen sein mag, es lohnt sich. Die befallenen Stellen werden mit feinem Sandpapier geschliffen, und danach wird ein farbloses Wachs aufgetragen. Soll der Käfig draußen bleiben, empfiehlt es sich, ihn nach der Reinigung mit einer Schicht Rostschutzfarbe und zwei Schichten Metallschutzfarbe auf Ölbasis zu überziehen.

OBEN

Die hübsche Kuppel mit der Zierbordüre aus Zink verleiht dem Taubenhaus orientalisches Flair.

LINKS

Die kunterbunt aufgehängten Vogelkäfige ziehen die Blicke unweigerlich an.

RECHTE SEITE

In vielen Parkanlagen steht noch ein Taubenschlag, ein kleines Haus mit Gitterwänden, dessen Architektur häufig dem Haupthaus nachempfunden ist.

NACHFOLGENDE DOPPELSEITE

Dieses elegante Taubenhaus ist ganz aus Holz gebaut.

Nisthöhlen, Futter- und Badeplätze für Vögel

Wer Vögel im Garten haben möchte, muss ihnen einen Unterschlupf, Futter und Wasser bereitstellen. Eine Erfindung aus jüngerer Zeit sind so genannte Vogelnisthöhlen, die in einen Baum gehängt oder auf einen Pflock gesetzt werden. Es handelt sich um wahre Miniaturen der Architektur, deren Erfinder ihrer Fantasie freien Lauf lassen. Ornithologen haben allerdings beobachtet, dass die Vögel den rustikaleren Modellen den Vorzug geben, da sie bessere Lebensbedingungen in Nistkästen aus naturbelassenen Materialien, vorzugsweise von der Kastanie, deren Rinde unter den Witterungseinflüssen abblättert, vorfinden. Ein rustikales Strohdach schützt vor Feuchtigkeit. Weit verbreitet sind auch Modelle aus Ton, die man für Stare und Schwalben unter dem Dachgesims anbringt. Andere wiederum sind aus Korbmaterial. In Nordamerika finden kitschige Häuschen, Miniaturpaläste, Nachahmungen der Architektur der 1950er-Jahre bis hin zu Designerkreationen bei Sammlern großen Anklang.

Die Futterstation dient Wildvögeln vor allem im Winter als Speisesaal. In der Regel handelt es sich dabei um eine Futterwanne mit einem gegen Wind und Wetter schützenden Dach, also um eine allseits offene Hütte.

Das Vogelbad soll einen doppelten Zweck erfüllen: Es dient als Vogeltränke und als Gestaltungselement in einem Garten ohne Brunnen oder künstlichen Teich. Unter einem traditionellen Vogelbad versteht man eine kleine Säule, die oben einen Schalenaufsatz hat. Aber natürlich sind auch alle anderen Gefäße geeignet, sofern sie nicht zu tief sind, weil die Vögel sonst darin ertrinken könnten; gut geeignet ist z. B. eine große Muschel, ein ausgedienter Spülstein oder eine Schale an einem ruhigen Standort, damit die Vögel ungestört sind.

RECHTE SEITE

Einfache, robuste Niststätten, aus Stroh-, Korbmaterial oder einem groben Astklotz gefertigt, bieten Wildvögeln Unterschlupf.

NACHFOLGENDE DOPPELSEITE

In der kleinen Wanne oder der Brunnenschale, mitten im Grünen, stellen sich gefiederte Gäste gern zur Erfrischung ein.

OBEN

Zwei Vogeltränken aus mundgeblasenem Glas.

UNTEN

Dieses entzückende, schlichte Vogelhäuschen aus Holz hat einen Doppeleingang.

MASSGESCHNEIDERTE HÖHLEN

Wenn die Nisthöhle für kleinere Vögel gedacht ist, reicht eine Fluglochweite von 25 mm. Größere Vögel benötigen eine Öffnung von circa 35 mm.

Wählen Sie für die Anbringung der Nisthöhlen und Futterstationen einen ruhigen und vor allem katzensicheren Standort. Die Nisthöhlen müssen jedes Jahr gründlich gereinigt werden. Warten Sie damit, bis die Vögel endgültig ausgezogen sind. Das gebrauchte Nest wird weggeworfen und die Höhle mit einer harten Bürste abgeschrubbt. Wenn die Höhle aus Holz ist, trägt man noch vor Wintereinbruch ein Schutzmittel oder einen neuen Anstrich auf.

Vogelscheuchen

Die Vogelscheuche ist ein anspruchsloser, kurzlebiger, aus allerlei Resten zusammengeflickter Gegenstand. Die erste dokumentierte Version dürfte aus Ägypten stammen. Man verwendete Holzgerüste, an denen Netze befestigt waren, und pflanzte sie als Vogelschreck auf den Acker. Im klassischen Griechenland stellte man Holzstatuen auf und rüstete sie mit einem Stock oder einer Sichel. Die Römer behalfen sich mit Götterstatuen, denen sie Opfer darbrachten, und verfolgten damit einen doppelten Zweck: Die Figuren sollten die Vögel verscheuchen und für eine reiche Ernte sorgen. In Germanien vertraute man lieber auf Hexen, die am Ende des Winters aufgestellt und nach der Ernte verbrannt wurden. Selbst die Japaner pflegen die Tradition des Vogelschrecks und befestigen Fischgräten oder auch Glasscherben und Metallteile an einem Holzpflock.

Die Vogelscheuche gibt es in diversen Spielarten. Am bekanntesten ist die der menschlichen Gestalt nachempfundene Puppe aus zwei zu einem Kreuz verbundenen Holzstangen, die mit einem dicken Strohpolster versehen und mit Lumpen verkleidet wird; auf den Kopf wird ein alter Hut gesetzt. Die ungegenständliche Version des Vogelschrecks hingegen besteht aus leeren Dosen, die im Wind scheppern, aus Kugeln, Spiegelscherben und bunten Papierbändern, die das Sonnenlicht reflektieren. Eine sehr seltene Art der Vogelabwehr ist weitaus morbider und besteht darin, einen an einen Holzpflock genagelten toten Raben auf den Acker zu setzen. Ansonsten kann jeder seiner Fantasie freien Lauf lassen, sodass die Vogelscheuche viele Hobbyhandwerker, Kinder und auch Künstler inspiriert.

OBEN, RECHTE SEITE UND NACHFOLGENDE DOPPELSEITE LINKS

Vogelscheuchen, die zum Schutz der Ernte auf dem Acker stehen, gibt es in den fantasievollsten Ausführungen. Immer mehr Künstler beschäftigen sich mit diesem schlichten, vergänglichen Objekt.

NACHFOLGENDE DOPPELSEITE RECHTS

Salatpflanzen werden zum Schutz vor Wildverbiss mit Korbhauben bedeckt.

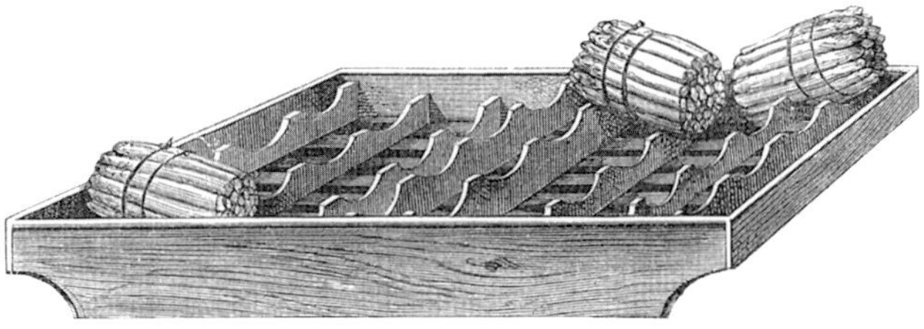

OBEN

Ein Abtropfgestell für Spargel.

Körbe, Kästen und Kiepen

LINKE SEITE

Blumenkörbe, Zwiebelkästen, Trockengestelle für Früchte und Erntekörbe werden noch immer im Garten eingesetzt. Auch als dekorative Landhaus-Accessoires sind sie sehr beliebt.

ZUM RESTAURIEREN UND SELBERMACHEN

Zur Reinigung wird das Korbgeflecht zunächst mit einer Bürste abgestaubt und dann mit Seifenlauge abgewaschen (bitte kein Waschmittel benutzen!). Abspülen und trocknen lassen. Eventuell mit Leinöl bestreichen, aber nicht polieren. Gegen Ungezieferbefall werden Korbwaren mit einem Holzschutzmittel bestrichen. Gegenstände aus Korb sollten nicht in der Sonne stehen. Für Pflanzen und Blumen verwendet man ein zweites Gefäß, das man in den Korb hineinsetzt. Man kann den Korb auch mit einer festen, grob vernähten Plastikfolie auskleiden.

Korbwaren, die in unserer Vorstellung gemeinhin mit dem schönen Honigton des Weidenrohrs, der Vielfalt an Formen und Flechttechniken, mit Leichtigkeit, Robustheit und Bodenständigkeit verbunden werden, fügen sich mit ihrer natürlichen Wirkung perfekt in den Garten. Sie kommen dort auf vielerlei Weise zur Geltung: Körbe, die im Astwerk hängen, eine Kiepe, die an der Wand befestigt ist, oder auf einer kleinen Steinmauer aneinander gereihte Körbe unterschiedlicher Machart. Die Ursprünge dieses Handwerks reichen wahrscheinlich bis in die Jungsteinzeit zurück. Die ältesten, noch gut erhaltenen Stücke stammen aus ägyptischen Grabfunden. Im 13. Jahrhundert gab es einen Zusammenschluss der Korbmacher in der Region Arles. Im oberfränkischen Michelau, der Wiege der Feinkorbflechterei im deutschsprachigen Raum, wurde 1770 die Korbmacherzunft gegründet. Die Erzeugnisse trugen generell den regionalen Bedürfnissen Rechnung: Im Norden erblühte die Webkorbindustrie, an den Küsten wurden Reusen und Fangnetze für Fische, Schalen- und Krustentiere hergestellt, die Winzer brauchten Trag- und Erntekörbe, Flaschenhüllen und Korbflaschen.

Der billige, im Überfluss vorhandene Rohstoff förderte die Produktion im großen Stil. Für ihren Eigenverbrauch verarbeiteten die Bauern, ebenso wie die gewerblichen Korbmacher, vor allem die Ruten der Korbweide, die für ihr Wachstum lediglich ein wenig Wasser braucht; geeignet sind auch Zweige von Haselnusssträuchern, Faulbäumen und Brombeersträuchern – die Nagetiere und Schädlinge abwehren – sowie Stroh, Klematis, Quecke, Schilf und anderes mehr. Die fertigen Erzeugnisse wurden im Hausierhandel vertrieben. Auf dem gewerblichen Sektor wurden Körbe als Lager- und Transportbehältnisse verwendet. Traubenkiepen, große Obstkörbe, Blumenkorbschalen, Deckelkörbe für Erdbeeren, Gestelle zum Trocknen von Früchten sowie Bienenkörbe waren für den täglichen Gebrauch gedacht. Im Haushalt verwendete man feine Korbwaren aus Spanmaterial, das durch Zerlegen des Rohrs in mehrere Bänder entsteht.

FÜR FLOHMARKTGÄNGER UND ANTIQUITÄTENLIEBHABER

Da Körbe aus Klematis- und Queckenzweigen heute nicht mehr hergestellt werden, sind solche Stücke zwangsläufig antik. Ansonsten gilt: Alte Stücke sind in der Regel besser verarbeitet als neue. Achten Sie auf den guten Zustand des Stückes, da eine Reparatur nicht gerade billig ist. Zuweilen wirken ausgebesserte Stellen aber optisch reizvoll.

UNTEN

Eine Fruchtpyramide.

Grav. 457. — Fruitier pyramidal.

Gartengeräte

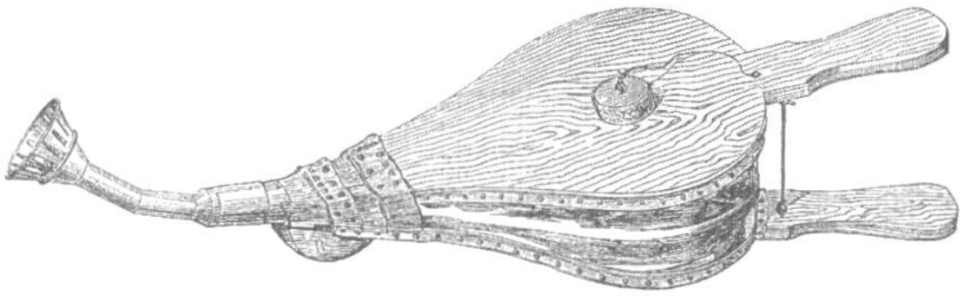

Der Prototyp eines Werkzeugs, aus dem alle anderen Geräte hervorgingen, ist ein an einem Stock befestigter Feuerstein aus der Altsteinzeit. Die Menschen in Ägypten bedienten sich des Urmodells einer Hacke in Form einer Astgabel, die an einer Stange befestigt war. Die Griechen besaßen Schlaghacken, Obsthaken, Rechen, Schaufeln und Spaten aus Holz, die die Römer durch Metallverstärkungen optimierten. Im 10. und 11. Jahrhundert brachten Kreuzfahrer Gerätschaften aus Eisen, Knochen und Horn aus Kleinasien mit, und in der Renaissancezeit wurden die Werkzeuge noch ausgefeilter und leichter und vor allem zahlreicher. Im 17. Jahrhundert katalogisierte der Engländer John Evelyn insgesamt 70 Gerätschaften. Im darauf folgenden Jahrhundert, als exotische Baum- und Pflanzenarten aus Asien und der Neuen Welt in Europa angesiedelt wurden, wuchs der Bestand um weitere Neuheiten. Gartengeräte waren sehr wertvoll, wurden sorgfältig gepflegt und von Generation zu Generation weitergegeben.

Bis ins 19. Jahrhundert hinein wurden Werkzeuge im Schmiedehandwerk nach individuellen Kundenwünschen und Erfordernissen auf Maß angefertigt. Anfang des 19. Jahrhunderts wurden sie dann in Serie hergestellt. Die Hochofen-Technologie ermöglichte die Herstellung immer leichterer und strapazierfähigerer Werkzeuge.

Werkzeug wird nach seinem Verwendungszweck unterschieden: Es gibt Geräte zur Bodenbearbeitung, zur Aussaat, für Pflanzarbeiten, zum Ernten, zum Beschneiden der Pflanzen, zum Jäten und Schneiden von Gräsern.

Für die Durchführung gröberer Bodenarbeiten kommen vorwiegend zwei Geräte infrage, nämlich Kreuzhacke und Schaufel. Erstere dient zum Lockern schwerer, steiniger Böden sowie zum Graben. Sie besteht aus einem langen Holzstiel mit einem Eisenaufsatz, der sich verzweigt: Die schmale Seite dient als Pickel, die breite ist mit einer Schneide versehen. Die Schaufel ist die Ergänzung zur Kreuzhacke. Sie besteht aus einem breiten Metallblatt, das mit einem Stiel verbunden ist und zum Graben sowie zum Umsetzen oder Transportieren der Schollen dient.

Zwei weitere Geräte, Spaten und Schlaghacke, kommen zum Einsatz, um den Boden zu lockern. Der Spaten, der sich aus dem Pflugstock entwickelt hat, existiert seit der Eisenzeit. An einem langen Stiel ist ein variabel geformtes Metallblatt befestigt, das zur Verstärkung oft auch mit einem Auftritt versehen ist. Der Spaten dient zum Umgraben und Rillenziehen,

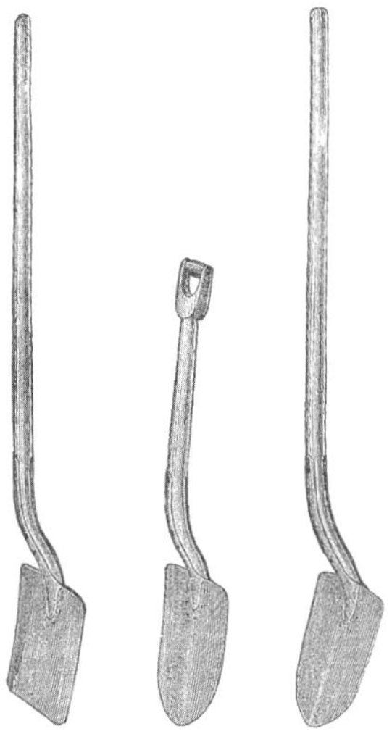

LINKS

Drei Schaufelmodelle aus dem »Dictionnaire de l'agriculture«, Hachette, 1900.

OBEN

Der von Monsieur de la Vergne entwickelte, Rauch erzeugende Blasebalg.

RECHTE SEITE

Gartenwerkzeuge aus Holz und Metall wie Spaten, Hacken und Grabgabeln sind in ihrer Form seit Jahrhunderten unverändert.

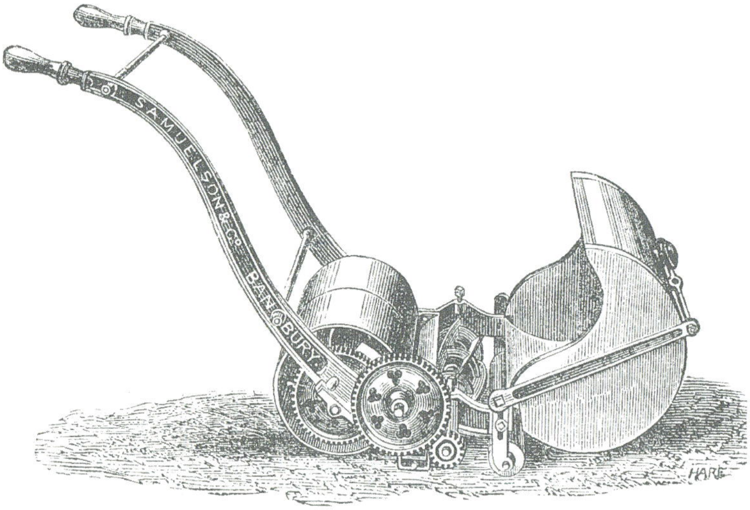

OBEN

Rasenmäher, Samuel & Cie.

UNTEN

Gartenzubehör aus dem Kapitel »Le jardinage« in »Les Quatre saisons«, Lithographien von Belin und Bethmont, Paris, 1850–1860.

zum Verpflanzen von Bäumen und zum Abstechen von Rasenkanten. Bei der Schlaghacke handelt es sich um ein Schlagwerkzeug, dessen Schneide nur in geringer Tiefe in den Boden eindringt.

Einige spezifische Geräte werden für die oberflächliche Bearbeitung des Bodens eingesetzt: Garten-, Zieh- und Jäthacke, Sauzahn und Rechen.

Unter der Gartenhacke versteht man ein variabel geformtes, mit einem Stiel verbundenes Metallblatt. Wie die Schlaghacke dient sie zum Aufbrechen und Lockern der oberen Bodenschicht und zur Unkrautbeseitigung. Die Ziehhacke ist ursprünglich ein Feldgerät mit einer horizontalen Schneide, die in den Boden eindringt. Im 18. Jahrhundert wurde sie in der Park- und Gartenpflege vor allem als Jätgerät benutzt, ebenso wie der Sauzahn oder die Jäthacke, bei der es sich um eine kleine Doppelhacke mit einem Metallaufsatz handelt, der auf der einen Seite mit einem Messer und auf der anderen mit drei bis fünf Zinken versehen ist.

Der bereits im alten Rom existierende Rechen dient zum Zerkleinern der Schollen, zum Säubern von Unkraut, zum Entfernen von Steinen und Wurzeln, zum Einebnen von Bodenflächen und zum Zusammentragen von Heu oder geschnittenem Gras.

Für Aussaat und Pflanzarbeiten hat der Gärtner ein Pflanzholz. Damit zieht er Saatrillen oder bohrt Löcher für die Setzlinge. Es existieren auch Spezialausführungen, etwa für Zwiebeln und Kartoffeln. Zum Ausheben der Sämlinge aus den Töpfen wird eine Pflanzkelle verwendet.

RECHTE SEITE

Oben links und unten rechts Gartengeräte aus dem Kapitel »Le jardinage«, ebd. Oben rechts Stempel zum Kennzeichnen der Samentüten.

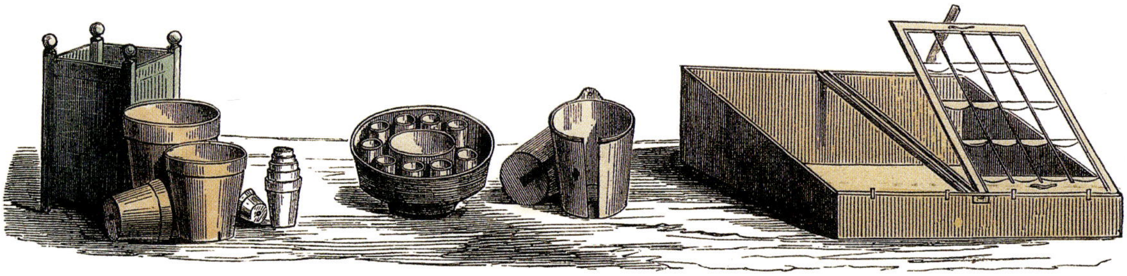

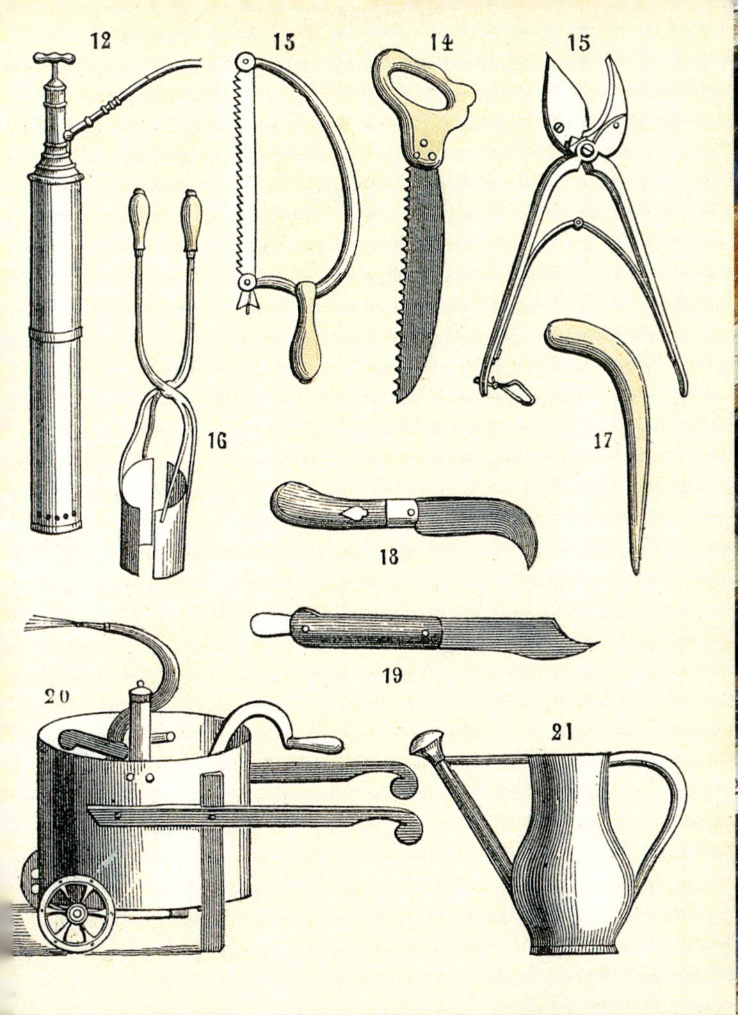

FRÜCHTE UND GEMÜSE

Die Kultur und Ernte bestimmter Gemüsearten erfordern den Einsatz spezieller Arbeitsgeräte. So gibt es etwa spezielle Garten- und Kreuzhacken für Zwiebelgewächse, Geräte zum Ausreißen von Roten Rüben und löffelartige Instrumente für Kohlgemüse, Gabeln für Schwarzwurzeln und Spargelmesser. Der um 1750 erfundene Obstpflücker besteht aus einem langen Stiel mit aufgesetztem Behälter aus Blech, Stahl oder Holz, mit dem man auch Früchte in der Krone erreicht.

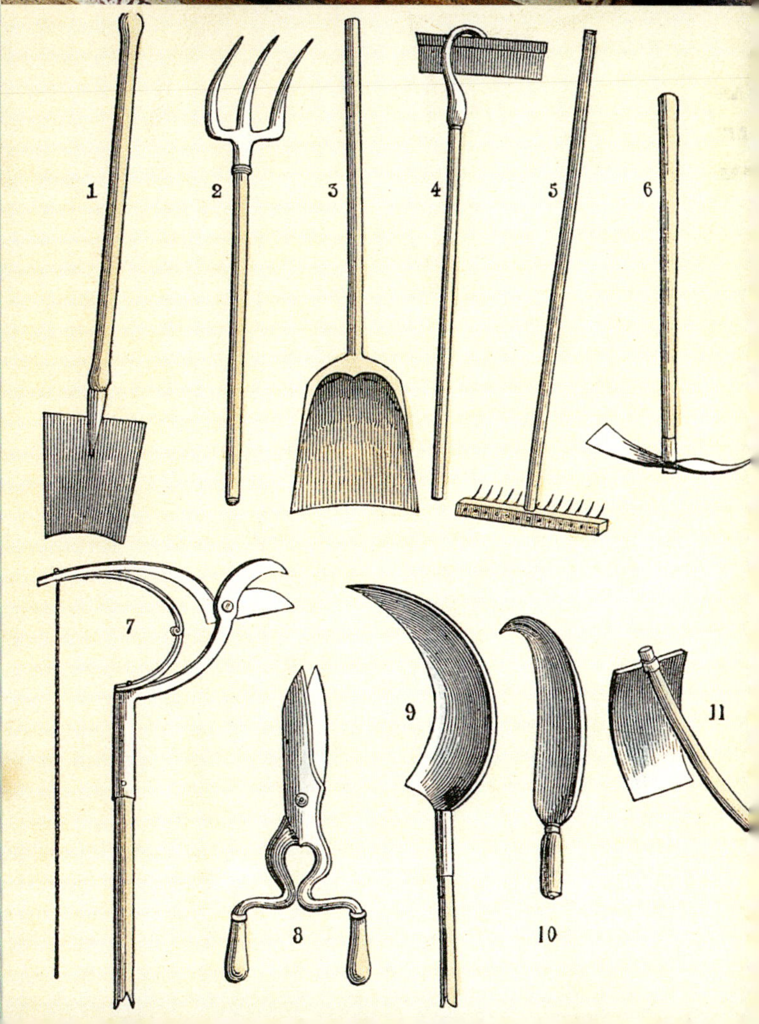

FÜR FLOHMARKTGÄNGER
UND ANTIQUITÄTENLIEBHABER

Unikate, die der Bauer oder Handwerker selbst gefertigt hat, sind von besonderem Interesse. Altwaren haben trotz ihrer Abnutzung einen höheren Sammlerwert als Produkte jüngeren Datums. Der Wert eines Originals kann durch Reparaturarbeiten gesteigert werden, doch vor unsachgemäßer Ausführung sei gewarnt! Das gilt auch für Imitate: Sie können schlecht kalibriert sein oder liegen wegen aufgesetzter Verzierungen möglicherweise schlecht in der Hand.

Zum Beschneiden von Bäumen und Sträuchern dient ein Universalgerät, die so genannte Gartenhippe. Sie hat einen geschwungenen Griff und eine sichelförmig gebogene, spitze Klinge. Seit dem 17. Jahrhundert lässt sich die Hippe wie ein Taschenmesser zusammenklappen. Der Griff ist aus Walnussholz mit einer Messingeinlage gefertigt.

Mittlerweile allerdings macht ihr die 1807 von Marquis de Molleville erfundene Garten- oder Baumschere, der so genannte »Secateur«, Konkurrenz. Ihr Geheimnis liegt in den präzise schneidenden und perfekt sitzenden Blättern, die den schnittgutverletzenden Quetschschnitt verhindern. Sie findet viel Anklang und wird in allen Formen und Größen angeboten. Die Astschere ist eine Art Gartenschere mit schnabelförmigem Schneidkopf,

OBEN UND LINKS

Frühling im Obstgarten: der Baumschnitt (oben). Im Sommer werden die Pflanzen künstlich bewässert (links). »Les Quatre saisons«, Lithographien von Belin und Bethmont, Paris, 1850–1860.

LINKS UND UNTEN

Im Herbst wird das Obst geerntet und der Boden bearbeitet (links). Vor Winterbeginn werden die Pflanzen mit Stroh verpackt, der Mist zu Kompost für die: Gewächshäuser verarbeitet, die Gewächshäuser und Frühbeetfenster mit Folie abgedeckt (unten). »Les Quatre saisons«, Lithographien von Belin und Bethmont, Paris, 1850–1860.

die mit einem langen Stiel verbunden ist und zum Beschneiden der Äste in großer Höhe gedacht ist. Für Bäume, Hecken und Sträucher verwendet man Heckenscheren sowie Pfropfmesser, die bei Bedarf durch weitere Spezialgeräte wie etwa einen Rindenkratzer ergänzt werden.

Für die Heu- und Getreideernte kommen große Sensen zum Einsatz, ebenso für die Wiesenflächen im Garten. Bei dieser mühseligen Arbeit müssen obendrein mehrmals täglich die Klingen gewetzt werden. Für das Säubern der Kanten wird eine Sichel genommen. Der Rechen dient zum Zusammenharken abgeschnittener Halme. Für die Feldarbeit gibt es große Grabgabeln. Die Handgeräte werden zum Unkrautjäten auf Beeten und für Pflegearbeiten in Gewächshäusern und Baumschulen eingesetzt.

NACHFOLGENDE DOPPELSEITE

Schubkarren, Körbe, Werkzeuge und frostempfindliche Gewächse, wie z. B. Olivenbäume, werden im Winter eingeräumt.

Glocken, Gewächshäuser …

Einfache Gartengeräte, Glasglocken und Gewächshäuser dienen im Garten, ebenso wie die häufig zweckentfremdeten Gießkannen, als dekorative Gestaltungselemente.
Glocken zum Schutz von Gemüsepflanzen oder zur Beschleunigung ihrer Reifung sind kegelförmige Hauben aus Stroh oder Korbmaterial, bisweilen auch aus mit Luftlöchern versehenem Ton oder aus Holz. Im 18. Jahrhundert wurden die Glocken aus mundgeblasenem Flaschenglas gefertigt, mit und ohne Handknauf. Die Form ergab sich aus dem Verwendungszweck: Die lange Röhrenform passte für Gurken, die niedrigere, ausladende Glockenform für Melonen und Blumenkohl. Handgeformt und mundgeblasen waren sie bis zu 60 cm hoch und breit. In der Farbe bläulich, mit einem Anflug von Rosa oder Grün, je nach der chemischen Zusammensetzung, die in der regionalen Glasherstellung dominierte. Vielerorts wurde die Produktion nach dem Zweiten Weltkrieg eingestellt.
Demselben Zweck dienen Minitreibhäuser, deren anfängliche Eisen- oder Bleikonstruktion mit der Zeit durch Stahlguss, Kupfer und schließlich Zink ersetzt wurde. In das Gerüst wurden Glasfenster gesetzt, wobei eine Scheibe zum Lüften herausnehmbar war. Im Sommer wurde das Glas zum Schutz vor der Sonne gekalkt. Diese tragbaren Miniaturen waren im 19. Jahrhundert in England sehr beliebt. Die dekorativen Gehäuse sind mit Stilelementen aus klassischer, Rokoko- oder ländlich-rustikaler Architektur versehen. Ihr Platz ist auf dem Fenstersims.

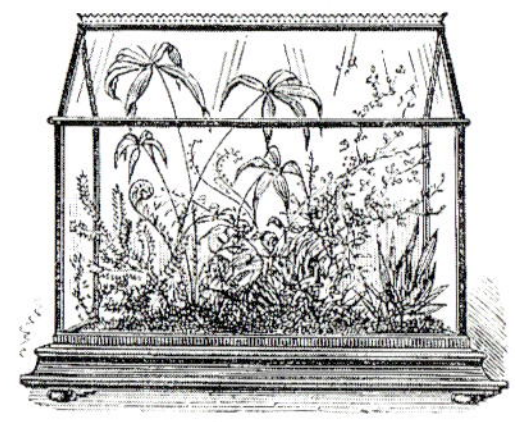

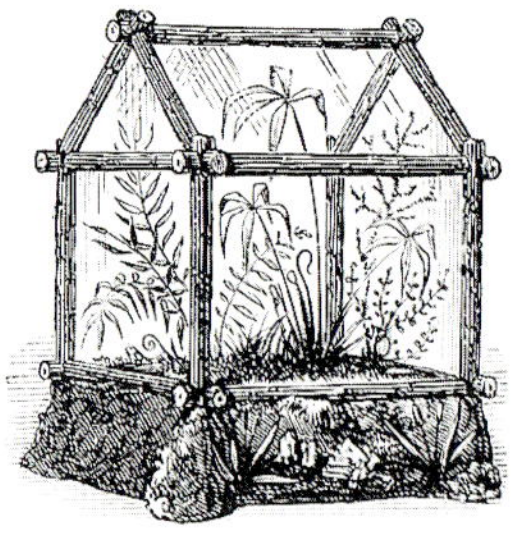

RECHTE SEITE

Das Gehäuse kleiner Gewächshäuser wurde im Sommer gekalkt, um die Pflanzen vor der Sonne zu schützen.

OBEN UND RECHTS

Zwei Modelle von Gewächshäusern mit Fenstern, die sich einst in England und Deutschland großer Beliebtheit erfreuten. Aus dem Katalog von Dick Radclyffe & Co., Erfurt.

RECHTS

Dieses Minigewächshaus ist mit einem Haltering zum Transportieren und Aufhängen ausgestattet.

FÜR FLOHMARKTGÄNGER
UND ANTIQUITÄTENLIEBHABER

Mundgeblasene Glasglocken haben oben eine knopfartige Verdickung, die bei der Entnahme der Glasmasse aus dem Schmelzofen entsteht. Glasglocken werden heutzutage noch in einigen osteuropäischen Ländern hergestellt. Zwar lassen sie den Charme alter Glocken, die sich durch die feine Ausarbeitung und charakteristische Unebenheiten hervortaten, vermissen, doch sie sind dennoch dekorativ.
Bis heute findet man alte Gießkannen aus dem 19. Jahrhundert. Viele haben ihren Brauseaufsatz verloren. Originale aus dem 18. Jahrhundert stehen im Museum.

LINKS

Ein Gewächshaus ist der ideale Ort zum Überwintern frostempfindlicher Stauden und Pflanztöpfe.

RECHTE SEITE

Die oben abgebildeten Glasglocken, die das Wachstum von Gemüse fördern, dienen heute ausschließlich Dekorationszwecken.
Die kleinen Gewächshäuser aus Betonstahl und Fensterglas (unten) stammen aus der Werkstatt eines Hobbyhandwerkers und bieten Pflanztöpfen in einem Holzkasten Schutz.

... und Gießkannen

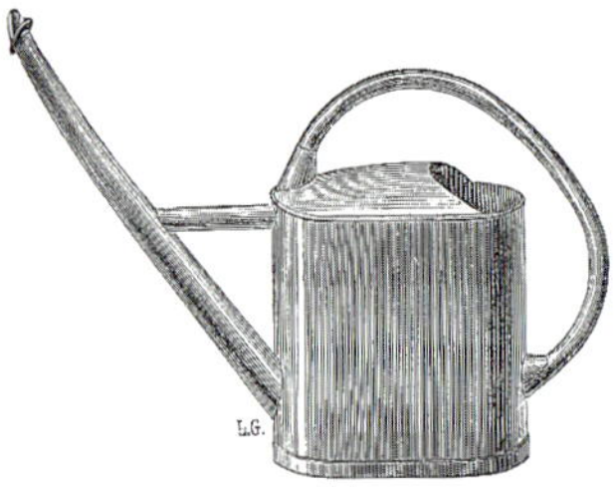

Als man das Wasser noch in Zisternen, Holzwannen und -zubern sammelte, dienten Ziegenblasen und lederne Feldflaschen dem Transport von Flüssigkeiten. Im 16. Jahrhundert tauchten die ersten Gießtröge auf. Hierbei handelte es sich um eine Art Tonvase, die an der Basis mit Löchern versehen war. Sie war billig, aber schwer und zerbrechlich. Bald darauf wurde der Ton durch Blech ersetzt, und auch die Form veränderte sich: Anstatt mit Löchern wurden die Kannen fortan mit einem Ausgießrohr, einem großen, festen Brauseaufsatz sowie einem, manchmal verstellbaren, Tragbügel versehen. Im 18. Jahrhundert wurde dann die eigentliche Gießkanne entwickelt. Ab 1750 gab es abnehmbare Brausenköpfe, und Kupfer trat an die Stelle des Blechs. Dies hatte den Vorteil, dass man das Kupfer einer ausgedienten Kanne noch in bare Münze verwandeln konnte. Am Ende des 19. Jahrhunderts wurden runde und oval geformte Gießkannen aus Zink, Weißblech, verzinntem Eisen und feuerverzinktem Blech in Serie gefertigt.

LINKS

Eine Gießkanne mit Wasserstrahlregler und eine Gießkanne für den Gemüsegarten: »Omnium agricole«, Hachette, 1920.

UNTEN

Die schwereren, robusten Gießkannen aus dem 19. Jahrhundert erfreuen viele Sammler.

RECHTE SEITE

Die Metallkanne oben mit festem Aufsatz stammt aus dem 18. Jahrhundert und erinnert in der Form an ihre Vorläufer aus Ton. Unten links zwei prächtige Stücke mit Brauseaufsatz. Auf der Illustration rechts üben sich Kinder in der Kunst des Gärtnerns.

Schub- und Sackkarren

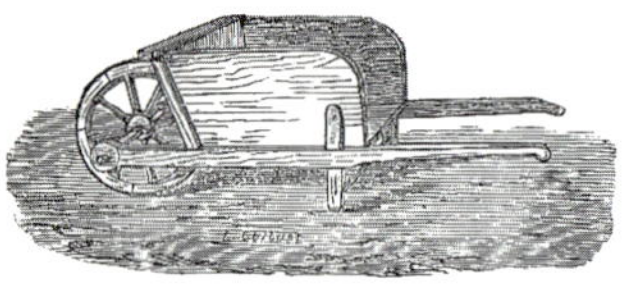

Eine urige Holzkippe mit überbordenden Zweigen und Pflanzen oder eine alte Eisenschubkarre voller Pflanztöpfe aus Keramik betonen das ländliche Flair des Gartens, und einem eher nüchternen Ort geben sie einen ganz eigenen Charme.

Die Erfindung der Schubkarre wird den Chinesen zugeschrieben. In der westlichen Welt erschien sie erstmals auf einer Illustration, die den Bau einer Kathedrale im 12. Jahrhundert dokumentiert. Sie hatte zunächst zwei Räder und diente dem Personentransport. Noch vor Beginn des 17. Jahrhunderts entwickelte sich daraus die einrädrige Variante. Zu diesem Zeitpunkt wurde die Schubkarre für die Beförderung von Waren benutzt. Illustrationen zeigen Hausierer, die auf diese Weise ihre Essigfässer von Haus zu Haus transportieren.

In ländlichen Gegenden unterstand die Produktion sämtlicher rollenden Gefährte dem Stellmacher, der von der Kutsche bis hin zum kleinen Handkarren und der stabilen Kippe alles fertigte, darunter auch Sack- und Schubkarren. Er verarbeitete Holzarten aus der Umgebung: stabile Eiche, weiche Akazie, Ulme, Tanne und Esche, Kiefer und Buche. Die Vielfalt fand auch im Fertigungsprogramm ihren Niederschlag: großrädrige Karren als Transporthilfen für die geschlagenen Holzblöcke, Milch- und Gemüsekarren, Sackkarren, Karren aus Hartholz mit Verstärkungen aus Stahlblech für die grobe Bodenbearbeitung, Schubkarren für den Garten und sogar zweirädrige Karren, die zur Beförderung von Steinen, Ästen und Särgen dienten. Im 19. Jahrhundert wurde das Holz durch Metall verdrängt, und die Karren wurden nicht länger von Handwerkern, sondern in Fabriken hergestellt. Die strapazierfähigsten Transporthilfen aus Metall wurden in Serie gefertigt: eiserne Schubkarren für die Landwirtschaft, die zum Teil zerlegbar waren; Heuwagen aus Metallrohren, Baustellenkarren und Ähnliches.

OBEN

Der traditionelle, immer noch schmuck aussehende Holzschubkarren hat die letzte Stätte seines Wirkens in diesem Garten gefunden.

LINKS UND UNTEN

Ein Transportkarren für Flüssigdünger, eine gewöhnliche Schubkarre, eine fahrbare Bahre und eine Heukarre. »Dictionnaire de l'agriculture«, Hachette, Ende 19. Jahrhundert.

Fig. 751. — Brouette de grenier.

LINKS

Diese gut erhaltene, herkömmliche Holzschubkarre leistet nach vielen Jahren immer noch gute Dienste.

UNTEN

Der Karren, auf dem die Kinder sitzen – das kunstvolle Werk eines Stellmachers zu Beginn des 20. Jahrhunderts –, ist vor dem Gemälde im Bildhintergrund stimmungsvoll in Szene gesetzt.

Pavillons und Gartenhäuser

Statuen

Obelisken und Kugeln

Architektonische Elemente

Wetterfahnen und Dachreiter

Figuren und Objekte

Tierskulpturen

Gartenzwerge

Brunnen

Pavillons und Gartenhäuser

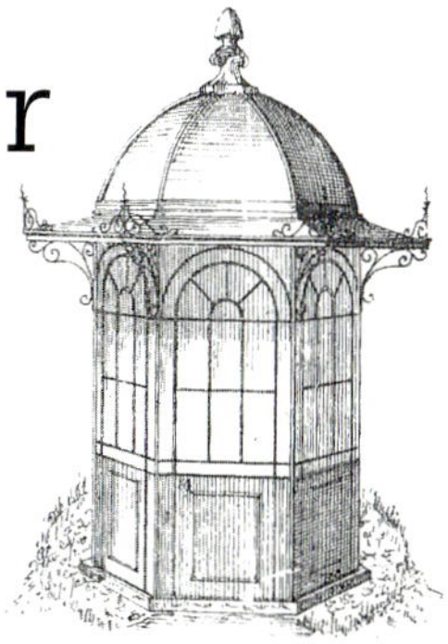

LINKE SEITE

Oben ein schiefergedeckter Pavillon inmitten eines Blumenmeers, der wohltuenden Schatten spendet. Auf der Abbildung unten bietet eine versteckt zwischen Blumen und Gräsern liegende Bambushütte Ruhe und Intimität.

In beinahe allen großen Gärten erheben sich kleine Bauwerke, die den Blick auf sich ziehen und Neugier und Bewunderung wecken. Sie stehen am Ende einer Allee, an einer Wegkreuzung, am Schnittpunkt von Kanälen oder an versteckten Plätzen, als Refugium für Spaziergänger. Diese intimen Orte spenden Schatten und Kühle und schützen vor Regen. Darüber hinaus sind die Bauten ein Ausdruck für die Herrschaft des Menschen über die Natur und bieten diesem Gelegenheit, sein Werk zu genießen.

Bereits die Griechen und Römer suchten sich schattige Plätze in Form kleiner steinerner Säulenkonstruktionen oder in Gestalt von Pergolen. Auf einigen Fresken in Pompeji erkennt man aus Gitterwerk gearbeitete Pavillons, welche die Monotonie langer schattiger Spazierwege unterbrechen. Immer auf den Spuren der Vergangenheit, imitierte Italien während der Renaissance diesen Prunk mithilfe falscher Grotten und echter Loggien. Das königliche Frankreich des 17. Jahrhunderts gönnte sich eine Pause von seiner machtvollen Größe, indem es ländliche Pavillons und so genannte Hameaux, idyllisch verfremdete Nachbauten von Bauernhöfen in Fachwerkbauweise, errichtete. Die für ihre Prunksucht bekannte Königin Marie Antoinette verkleidete sich gern als Bauernmädchen und führte ein vermeintlich einfaches Leben im 1783 errichteten Petit Hameau im Park von Versailles.

Im 19. Jahrhundert kam das Schmiedeeisen als Baumaterial hinzu, während sich ansonsten auch Holzpavillons in rustikalem oder gotischem Stil großer Beliebtheit erfreuten. Diesen Gebäuden wurde keine symbolische Bedeutung zugeschrieben, wie es bei den Chinesen der Fall ist. Dort verkörpern sie den Menschen als bescheidenen, aber unverzichtbaren Bestandteil des Universums, dessen wichtigste Elemente Berge und Wasser sind. Die Japaner wiederum umgeben die Pavillons mit Wasser, um von dort aus die Bewegung der Fische, die Schönheit der Seerosen und den Widerschein des Mondes zu bewundern.

ZEICHNUNG OBEN

Kleiner, schmiedeeiserner Gartenpavillon aus dem Versandhausrepertoire der Firma Pantz in Pont-à-Mousson, um 1900.

ABBILDUNG OBEN

Sommers wie winters bietet dieses gegen die Kälte isolierte Gartenhaus Unterschlupf. Zahlreiche Fenster lassen die Natur förmlich ein.

FÜR FLOHMARKTGÄNGER UND ANTIQUITÄTENLIEBHABER

Man findet viele Metallbauteile aus dem 19. Jahrhundert in mehr oder weniger gutem Zustand, die nach einer gründlichen Reinigung wieder funktionsfähig sind. Holzhütten werden auch im Versandhandel oder im Internet angeboten.

OBEN

Grotten und Eremitagen für englische Gärten aus einer Grafiksammlung, 1776–1783.

Laube, Gartenhaus, Pavillon, Tempel, Belvedere, Chalet, Gloriette, Kiosk: Es ist nicht einfach, sich unter all diesen Begriffen zurechtzufinden, wenn auch einige für sich sprechen. Bei einem Tempel handelt es sich um einen kleinen klassischen Säulenbau; ein Belvedere erhebt sich über einem schönen Rundblick; das Chalet bezeichnet neben dem Landhaus auch eine Holzhütte in den Bergen, das so genannte »Schweizerhäuschen«.

Der französische Begriff »Gloriette« bezeichnet seit dem 16. Jahrhundert einen begrünten Raum im Garten, eine Art große Gartenlaube. Die typische Gloriette ist ein kleiner, offener, sechseckiger Bau, dessen Dach aus Stroh, Schiefer oder Ziegeln auf Holz- oder Metallteilen ruht. Umrandet wird er von niedrigen Mauern aus Steinen, Gitterwerk oder einer Balustrade.

»Kiosk« entstammt dem Türkischen und bezeichnet in der islamischen Baukunst einen pavillonähnlichen Bau. Der Kiosk ist kleiner als eine Gloriette und ebenfalls ein offener Pavillon, bestehend aus einigen Außensäulen und einem Dach. In den elisabethanischen Gärten des 17. Jahrhunderts war der Kiosk häufig vertreten. Im 18. und 19. Jahrhundert passte er sich allen ornamentalen, insbesondere exotischen Formen und allen Materialien an: Holz, Metall, Mauerwerk. Unter Napoleon III. waren Kioske besonders geschätzt. Zu der Zeit konkurrierten maurisch inspirierte, von Kuppeln gekrönte und mit Kalligraphien und arabischen Symbolen verzierte Kioske und Bauten chinesischer und japanischer Machart mit den gotischen Chalets nach schweizerischem Vorbild.

Das Wort Pavillon, dem das lateinische *papilio* (»Schmetterling«) zugrunde liegt, bezeichnet einen kleinen, zentralen und frei stehenden Bau in Parks. Kreuzfahrer berichteten von dem im Mittleren Orient herrschenden Brauch, als Gartenunterstand Zelte zu verwenden, die mithilfe von zwei Vorhängen geschlossen wurden und den Flügeln eines Schmetterlings ähnelten. Im 18. Jahrhundert erschienen sie in Form bemalter Stoffe, die Metallpflöcke überspannten, oder als Metalltafeln, die in der Art eines Zeltes bemalt waren. Gleichzeitig bezeichnete dieser Begriff Gebäude, in denen man sich zum Kartenspiel, zum Tee oder zum Musizieren einfand. Einige waren groß genug, um Gäste zu beherbergen. Im 19. Jahrhundert entwickelte sich der Begriff weiter und bezeichnete ein kleines Gebäude, das an einem geschützten Ort im Garten platziert war.

Das Gartenhaus schließlich ist im Gegensatz zu den übrigen Bauwerken ein richtiges Haus, das geschlossen ist und eine Art Nebengebäude zum Haupthaus bildet. Sein Vorteil ist nicht der schöne Ausblick in den Garten, sondern die Intimität und Ruhe, die es verschafft. Im 18. Jahrhundert vermittelte das Gartenhaus zuweilen eine Vorstellung von der Maßlosigkeit eines Architekten oder Schlossbesitzers; im 19. Jahrhundert nahm es als Werk eines Kunstliebhabers oder Künstlers gelegentlich die Form eines Märchenhauses aus Holz und Moos an. Meistens aber ist sein Baustil dem des Haupthauses angepasst.

RECHTE SEITE

Zur Freude der Erwachsenen wie der Kinder dienen ausrangierte Wohnwagen oben und unten links als hölzerner Unterschlupf. Aussparungen, dekorative Bordüren und zarte Farben machen den Charme der Holzhütte unten rechts aus.

NACHFOLGENDE DOPPELSEITE

Links ein rustikales, hölzernes Märchenhaus, in dem sich die jungen Mädchen in Prinzessinnen und die Gartenkürbisse in Kutschen verwandeln. Einige Steinsäulen, überragt von einer schmiedeeisernen, durchbrochenen Kuppel, machen die Leichtigkeit des offenen Pavillons rechts aus.

ZUM RESTAURIEREN UND SELBERMACHEN

Schützen Sie Ihren Bau vor Witterungseinflüssen. Ein Holzbau wird vor dem Aufstrich eines Holzschutzmittels gründlich gereinigt. Falls einige Teile bereits verwittert sind, man erkennt das an schwarzen Flecken und aufgeweichtem Holz, muss das beschädigte Holz erneuert werden. Sind die Schäden gering, trägt man auf die verwitterten Stellen einen Holzhärter auf. Bauten aus Eisen werden wie Gartenmöbel behandelt *(siehe S. 74 und 79).*

HÜTTE ODER WOHNWAGEN?

Für Robinson-Spiele oder einfach nur zur Aufbewahrung von Werkzeugen eignet sich nichts besser als eine kleine Hütte hinten im Garten, die man sich aus einigen Brettern oder Recyclingteilen selbst zimmern kann. Die Bandbreite ist groß: Holzhütten, wie sie früher von Fassbindern oder Jägern erbaut wurden, ländliche Gärtnerhütten, urbane Hütten aus Bauwagen, die auf einen alten Heuwagen gestellt werden. Auch Wohnwagen oder sonstige Häuschen auf fahrbarem Untersatz sind gefragt.

LINKE SEITE

Aus den blühenden Prachtkerzen erhebt sich die Steinstatue einer weiblichen Silhouette, eine elegante, ländlich gekleidete Frau darstellend.

LINKS

Kinder, wie hier häufig von mythologischen Tieren begleitet, sind eines der wiederkehrenden Themen der Gartenstatuen seit der Antike, insbesondere in der Renaissance und im 18. Jahrhundert.

Statuen

In der Antike wurden Statuen zum Ruhm höherer Wesen errichtet. Ägypten stellte seine Gottheiten und Sphinxe dar, Griechenland seine Götter und Helden. Allerdings waren die Griechen die Ersten, die Skulpturen auch in Gärten aufstellten, wodurch sie neben ihrer symbolischen Bedeutung auch als dekoratives Element wirkten. Die Römer importierten griechische Statuen, von denen sie sich inspirieren ließen, um alsdann ihren eigenen Pantheon zu errichten: Neptun, Merkur, Venus, Herkules, Jupiter und weitere Gottheiten, welche den Kreislauf der Natur lenkten oder die schönen Künste symbolisierten. Und schon sorgte man sich darum, für diese Werke den passenden Platz zu finden: Das beste Beispiel für eine solche Eingliederung ist die Hadriansvilla in Rom. Aber erst in der Renaissance erlangte die Bildhauerkunst in den Gärten einen Höhepunkt an Bedeutung. Fasziniert vom antiken Rom, studierten die von Architekten und Künstlern umgebenen italienischen Fürsten die antiken Ruinen und sammelten Antiquitäten, die sie auf ihren eigenen Grundstücken aufstellten. So auch die Familie Este in ihrer Villa, dort findet man Statuen wieder, die früher die

Gärten Hadrians schmückten. In dieser schaffensreichen Periode entstanden aber auch zahlreiche Originalwerke aus Marmor, Alabaster oder Stein, die finstere heidnische Gottheiten, Ungeheuer oder Geister darstellen. Besondere Sorgfalt verwendete man auf ihre Anordnung: in Reihen entlang der Balustraden und Terrassen, am Rande von Kaskaden und Wasserbecken oder zur Umrandung der Parterres.

Wahrscheinlich jedoch feiert die Bildhauerkunst, auch wenn sie thematisch wenig Neues zu bieten hat, in den französischen Gärten des 17. Jahrhunderts ihre größten Erfolge. Einerseits aufgrund ihrer außergewöhnlich hohen Qualität, vor allem jedoch wegen ihrer Rolle innerhalb der Gartenarchitektur selbst, die sie zu einem Element der Symmetrie, Ausgewogenheit und Harmonie macht. Eines der schönsten Beispiele ist die Prachtallee von Vaux-le-Vicomte, die vom Schloss zur großen vergoldeten Herkulesstatue führt und auf ihrer gesamten Länge von Skulpturen, Obelisken, Urnen und Wasserbecken gesäumt wird. Auch in Versailles ist die Erhabenheit der Ebenen und Perspektiven, in die als Ergebnis der Zusammenarbeit von Le Nôtre und dem Bildhauer Le Brun unzählige Statuen eingeflochten sind, überaus beeindruckend. Versailles übte einen beträchtlichen Einfluss auf ganz Europa bis hin nach Russland aus. Dort spielte ein Schüler Le Nôtres, Charles Le Blond, nunmehr Architekt von Peter dem Großen in Sankt Petersburg, eine herausragende Rolle bei der Erschaffung der berühmten vergoldeten Statuen im Park von Schloss Peterhof.

Die Engländer zogen Blei, seiner hübschen Patina wegen und weil es dem feuchten Klima besser standhält, dem Marmor, der ihnen zu gekünstelt erschien, vor. Ab dem 18. Jahrhundert wurden die Statuen gegossen und serienmäßig hergestellt. Blei eignete sich hervorragend für ländliche Themen, die in englischen Landschaftsgärten präferiert wurden: Bäuerinnen in Begleitung ihrer Tiere, Jäger und Raubjäger erhalten bevorzugte Plätze. Im Viktorianischen Zeitalter wurden verstärkt Statuen reproduziert, inspiriert von italienischen Gärten. Ab dem Ende des 19. Jahrhunderts trug die Bildhauerkunst weiter reiche Früchte, passte sich in ihren Proportionen aber den etwas bescheideneren bürgerlichen Gärten an.

RECHTE SEITE

Vor dem grünen Hintergrund des Efeus zeichnet sich oben links die graziöse Frauenbüste aus gebranntem Ton ab. Aus der Frauenstatue rechts spricht eine dramatischere Sicht des weiblichen Körpers. Die Steinskulptur unten stellt einen Faun dar, der die Mitte eines schlichten Wasserbeckens ziert.

LINKS

Die perfekte Einpassung der Skulptur in die Vegetation ist gut durchdacht. Der Marmor-Bacchus scheint sich auf die beiden Buchshecken zu stützen, deren Höhe akkurat zugeschnitten ist. Die Symmetrie wird durch den Bogen der Statue gemildert.

Obelisken und Kugeln

OBEN

Die in Stein gehauenen Tannenzapfen links machen selbst dann noch einen stolzen Eindruck, wenn sie Opfer der Witterungseinflüsse geworden sind. Im 18. und 19. Jahrhundert wird von geometrischen Verzierungen aller Art reger Gebrauch gemacht. Rechts die dekorative Fantasie eines talentierten Bildhauers.

RECHTS

Die stilisierte steinerne Kreuzblüte wird seit dem Mittelalter verwendet. Häufig ziert sie die Spitze eines Giebels oder einer Balustrade.

Obelisken, die als Talisman neben altägyptischen Tempeln standen, dienen zur Vertreibung negativer Kräfte. Vielfach sind sie bei den Griechen und später bei den Römern zu finden, die sie aus Griechenland importierten, bevor sie im dekorativen Repertoire der Renaissance und des Barock erneut auftauchten. Auch in den englischen Gärten des 18. Jahrhunderts sind sie häufig zu sehen, so etwa im Garten von Chiswick. Durch ihre beträchtliche Höhe sollen sie den Blick auf sich ziehen, wenn sich die Grenzen zwischen Garten und Landschaft verlieren. In Frankreich kamen sie wegen der Leidenschaft des Direktoriums für Ägypten Ende des 18. Jahrhunderts wieder in Mode. In Miniaturform – etwa einen Meter hoch – finden sie in Gärten häufig Verwendung, entweder paarweise als oberer Treppenabschluss oder in Reihen, um Alleen oder Terrassen zu säumen.
Eine weitere symbolische Verzierung ist die Kugel, die zu allen Zeiten sowohl die Erde als auch das Universum repräsentierte. Die römischen Kaiser wählten sie als ihr Attribut, und viele europäische Herrscher krönten sie mit einem Phönix, einem Adler, einer Taube oder, sofern sie Christen waren, mit einem Kreuz oder einem Engel. Im 19. Jahrhundert fand sie dank ihrer einfachen und vollkommenen Form auch in den Gärten Verwendung. Ebenso wie der Obelisk rahmt sie entweder paarweise einen Eingang oder steht in Reihen angeordnet auf kleinen Mauern rings um eine Terrasse oder Esplanade. Zu diesem Zweck wird sie auf einen pyramiden- oder würfelförmigen Steinsockel gestellt. Diese geometrischen Elemente werden traditionell in Stein gehauen. Man findet sie gelegentlich aber auch in Form eines Gitterwerks als Rankhilfe für Kletterpflanzen.

RECHTE SEITE

Steinkugeln am oberen Abschluss einer Treppe verleihen dem Raum Struktur und lassen den Blick in die unendliche Landschaft schweifen.

FÜR FLOHMARKTGÄNGER
UND ANTIQUITÄTENLIEBHABER

Neben Pyramiden, Balustraden und Kugeln findet man beim Antiquitäten- oder Altwarenhändler viele Sockel, Stelen und Postamente. Wem sie einst als Unterbau dienten, weiß niemand, doch sie sind so dekorativ, dass man sie auch ohne Aufsatz im Garten aufstellen kann. Grenzsteine eignen sich ebenfalls.

OBEN

In einem Garten ist alles Verzierung, selbst ein einfacher, von Hosta umwachsener Zementtrog.

RECHTE SEITE

Oben links der elegante Kontrast zwischen der Leichtigkeit der Armillarsphäre aus Metall und ihrem majestätischen Steinsockel.
Der Steinsockel oben rechts dient fortan zur Präsentation eines Lavendelstocks.
Die beiden viereckigen Bassins unten betonen die Symmetrie dieses provenzalischen Gartens.

Architektonische Elemente

In den Gärten des alten Roms tauchten erstmalig Tempel und Säulenportiken auf, die von der griechischen Architektur beeinflusst waren. Eines der schönsten Beispiele ist die Kanope der Hadriansvilla in der Nähe von Tivoli. In der Renaissance ließen für die Antike begeisterte Mäzene klassisch inspirierte Bauwerke in der Nähe von Grotten und Seerosen errichten, so beispielsweise die Rometta der Villa d'Este. Ihren schönsten Ausdruck findet diese Vorliebe für die antike Architektur aber in den romantischen Gärten des 18. Jahrhunderts. Ganz Europa und vor allem England begeisterte sich für Säulen und Rotunden. Als Beispiele seien der kleine Tempel der Freundschaft im Park von Schönbusch in Bayern genannt, die Säulen im Garten von Aranjuez nahe Madrid, vor allem aber der klassische Tempel von Barnsley House in Südengland und die Palladio nachempfundenen Tempel im Park von Stowe unweit von Buckingham.
Ebenfalls in der Renaissance entdeckte man den Zauber von Ruinen, die den Tod und die Fortdauer des Heidentums verkörperten. Diese Vorliebe, genährt durch die Ausgrabungen in Pompeji, Herculaneum und Segesta, trat im 17. Jahrhundert insbesondere in der Malerei zutage. Aber erst im folgenden Jahrhundert sollte sie ihren schönsten Ausdruck in der archäologischen Romantik von Piranesi finden. In Frankreich stellte Hubert Robert, ein leidenschaftlicher Anhänger der italienischen Kultur, in seinen Bildern, aber auch in den von ihm erschaffenen Gärten echte Tempel neben falsche Ruinen. So steht im Schlosspark von Méréville ein Tempel der Kindesliebe neben einer Trajansäule. Friedrich der Große ließ Mitte des 18. Jahrhunderts in Sanssouci den Ruinenberg errichten. Die kahle Kuppe eines Hügels wurde geschmückt mit einem 16-säuligen Rundtempel mit teilweise eingestürztem Dach, dem ruinösen Rest eines Amphitheaters und Gebälk tragenden Säulen.

FÜR FLOHMARKTGÄNGER UND ANTIQUITÄTENLIEBHABER

Unsere derzeitige Vorliebe für die Vermischung von Stilrichtungen und Epochen treibt uns dazu, für unsere Gärten nach allen Arten von Verzierung zu suchen, so auch nach architektonischen Fragmenten, die beispielsweise aus neoklassizistischen Tempeln stammen: Kapitelle, Säulen, Pfeiler, Bögen und Gewölbe. Selbst noch so ungewöhnliche Elemente wie Fensterumrandungen oder sitzende Hunde kann man aufstöbern.

NACHFOLGENDE DOPPELSEITE

Die Geländer und Balustraden auf der linken Seite oben, an deren Ende eine gemeißelte Urne steht, betonen eine schön geschwungene Wendeltreppe um ein Brunnenbecken.
Unten eine vertikale Stein-Sonnenuhr aus dem 17. Jahrhundert.
Auf der rechten Seite oben sind Grenzsteine, Urnen und Vasen zu sehen, die beim Altwarenhändler auf Abnehmer warten.
Unten eine geteilte, von einer eleganten, durchbrochenen Balustrade gesäumte Treppe, von deren oberem Ende man das Wasserbecken und die weitere Aussicht bewundern kann.

SONNENUHREN

Vor der Erfindung der Uhr waren Wasser- und Sonnenuhren die einzige Möglichkeit der Zeitbestimmung. Die älteste bekannte Sonnenuhr ist 5000 Jahre alt und stammt aus dem alten Ägypten. Der Turm der Winde in Athen weist mehrere flache, vertikale Sonnenuhren auf; in Pompeji hingegen fand man Ausführungen in Kugelform; wieder andere sind konisch, und selbst tragbare Modelle hat es gegeben. Anfang des 16. Jahrhunderts beginnen die Räderuhren den Sonnenuhren Konkurrenz zu machen. Da es ihnen jedoch an Genauigkeit mangelt, werden Sonnenuhren noch bis ins 19. Jahrhundert häufig verwendet. Viele Sonnenuhren sind horizontal angelegt. Sie ruhen auf einem Sockel und bestehen aus einer flachen Scheibe und einem Zeiger, dem Schattenwerfer. Auf der parallel zum Horizont angeordneten Scheibe sind die Stundenunterteilungen eingraviert: vierundzwanzig berechnete Meridiane; der Schattenwerfer zeigt die Stunde an. Es gibt aber auch vertikale und geneigte Sonnenuhren: Die Stundenunterteilungen sind dort so aufgezeichnet, dass die Wirkung der Perspektive ausgeglichen wird. Der Schattenwerfer folgt immer der Richtung der Weltachse.

BALUSTRADEN

Sie tauchen vor allem in der Renaissance auf. In dieser Zeit werden in Europa viele Hanggärten angelegt, die Aufsehen erregende Anlagen ermöglichen. Sie kombinieren weite Ausblicke mit vertikalen Höhenunterschieden. Majestätische, von Geländern gesäumte Treppen führen von einer Terrasse zur nächsten, wobei auch diese von Balustraden eingefasst sind. Solche Balustraden finden sich auch an anderen Stellen des Gartens: Dort dienen sie als Schutz bei abfallendem Gelände und weisen zugleich auf Orte mit besonders schöner Aussicht hin. Dabei markieren sie die Grenze zwischen dem endlichen Universum des Gartens und dem unbegrenzten Blick in die Landschaft.

Wetterfahnen und Dachreiter

Die Wetterfahne ist aus der Standarte hervorgegangen, die ein Eroberer als Demonstration seiner Macht am höchsten Punkt der von ihm unterworfenen Stadt aufstellte. Die Standarte gab nicht nur Auskunft über den Eroberer, sondern auch über die jeweilige Windrichtung; sie war aus Stoff und somit vergänglich. Den Wikingern wird die Erfindung einer metallenen Wetterfahne schon im 12. Jahrhundert zugeschrieben. Auch sie lieferte gleichzeitig beide Informationen. Schon bald zierte das Objekt den Giebel von Schlössern und sagte etwas über Stellung und Einfluss ihrer Besitzer aus. Die ersten Wetterfahnen – ein leichtes, bewegliches Schild, das an einer Metallstange befestigt wurde – waren relativ schlicht: ein Kreuz als Hinweis auf einen Kreuzfahrer, Initialen für einen Adligen und auf Kirchen ein Hahn zur Erinnerung an die Verleugnung Christi durch Petrus und als ein seit vorchristlicher Zeit geltendes Symbol der Wachsamkeit. Bis 1659, als sie durch ein Edikt popularisiert wurden und man es den Lehnsmännern gestattete, sie auf ihren Hausdächern anzubringen, waren sie im Übrigen dem Klerus und dem Adel vorbehalten. Während der Französischen Revolution wurden die Wetterfahnen mit ihren die Adelsprivilegien symbolisierenden Kronen und Lilien von den Dächern geholt und zerstört. Bis Mitte des 19. Jahrhunderts wurden Wetterfahnen auf Bestellung von Hand maßgefertigt, ähnlich wie Schilder. Die einzelnen Metallteile wurden per Hand ausgeschnitten, auf ein Holzgerüst gehämmert, verschweißt und poliert. Im Zuge der Industrialisierung wurden die Teile dann in Serie hergestellt und in Versandkatalogen angeboten.

Die Motive der vielfach aus Messing oder Zink gefertigten Wetterfahnen sind vielfältig: Landmänner mit Pferdegeschirr, Jäger mit Hund, Pferd und Kutsche. Manchmal dienten sie Handwerkern wie Zimmerleuten, Böttchern, Klempnern oder Hufschmieden als Aushängeschild. Auch Bauern-

FÜR FLOHMARKTGÄNGER UND ANTIQUITÄTENLIEBHABER

Kopien von Wetterfahnen, die zuhauf angeboten werden, kann man außer an ihrer künstlichen Patina auch an der mangelhaften Verarbeitung leicht erkennen. Wetterfahnen aus dem 19. Jahrhundert sind keine Seltenheit, bei Exemplaren aus dem 18. Jahrhundert hingegen handelt es sich eher um Museumsstücke.

RECHTE SEITE

Der Hahn, ein christliches Symbol, begibt sich vom Dachfirst auch manchmal hinunter in ein Haus oder einen Garten, wo er als Zierobjekt dient.

LINKS

Das festliche Dach dieses hübschen Pavillons, der an die Rückseite des Hauses anschließt, ist zu rein dekorativen Zwecken mit einer gusseisernen Verzierung geschmückt.

LINKS UND RECHTS

Fein ausgearbeitete Dachreiter und Verzierungen aus Zink sind vorzügliche Gartenskulpturen.

hoftiere waren ein beliebtes Motiv. Im Laufe der Jahrzehnte vollzieht sich auch für Wetterfahnen der Übergang zur Moderne: Sie nehmen die Gestalt einer Lokomotive, eines Autos oder Flugzeugs an. Auch ist immer wieder zu hören, Wetterfahnen dienten glücklosen Jägern als Zielscheibe.

Ein Dachreiter wird oben auf dem First angebracht oder auf dem Walm einer Dachgaube, den empfindlichsten Stellen des Dachstuhls also. Er verhindert, dass Wasser in das Gebälk eindringt, weswegen man ihn auf einem Schlossdach ebenso findet wie auf Kirchendächern und Dächern von Wohnhäusern, seien sie aus Ziegel, Stein oder Schiefer.

Auf das nützliche Accessoire, das auch aus einem umgedrehten Blumentopf bestehen kann, wurde mitunter allerdings viel Sorgfalt verwendet, und vielfach war es so reich verziert, dass es fast als Markenzeichen angesehen werden kann. Im Mittelalter galt der mit Pferd und Reiter verzierte Firstziegel, der traditionelle Dachreiter, als Statussymbol der Kreuzritter. Er sollte Glück bringen und die Hausbewohner beschützen.

Bis zum 19. Jahrhundert wurden Dachreiter einzeln angefertigt. Sie bildeten Blumensträuße, Kegel oder Pyramiden und mündeten oft in eine Kugel. Wie bei Wetterfahnen und Schildern auch, kann man von manchen Dachreitern auf den Beruf des Hausbesitzers oder dessen Lieblingstiere schließen. Die Materialien sind vielfältig: mit Blei überzogenes Eisen, gebrannter Ton, Steingut, Fayence oder Zink.

Im 19. Jahrhundert, als die Ziegeleien auf maschinellen Betrieb umgestellt wurden, ging man dazu über, die Herstellung von Dachreitern zu mechanisieren. Fortan wurden sie, wie Wetterfahnen auch, serienmäßig produziert und im Versandhandel angeboten. In großen Fabriken wurden sie auch industriell gefertigt.

ZUM RESTAURIEREN UND SELBERMACHEN

Eine alte Wetterfahne wird zunächst gereinigt, behutsam von Roststellen befreit und erhält dann einen Schutzanstrich. Von auffälligen Restaurierungen und Anstrichen sollte man möglichst absehen.

Tierskulpturen

FÜR FLOHMARKTGÄNGER
UND ANTIQUITÄTENLIEBHABER

Vom majestätischen steinernen Löwen über die Gans aus Fayence bis hin zum Frosch aus Metall gibt es alle möglichen Tierskulpturen in den verschiedensten Materialien. Nach einem Originalstück muss man aber unter Umständen länger Ausschau halten, denn Imitationen überschwemmen den Markt. Aus dem 19. Jahrhundert stammen Nachahmungen von antiken Modellen, die noch immer erhältlich sind. Werkstein ist die preisgünstige Alternative zu Naturstein, und manche Exemplare daraus sind von hervorragender Qualität. Aus England kommen zahlreiche Bronzeneuauflagen einheimischer Tiere wie Hasen, Bulldoggen, Katzen, Gänse und Enten. Bronzene Kraniche, die für ein langes Leben stehen, sind ein wichtiges Element in japanischen und chinesischen Gärten. Früher wurden sie aus mehreren verzapften Teilen zusammengesetzt, während Nachahmungen aus Thailand heute aus einem Guss sind.

Schon seit der Antike waren etliche Tiere und Fabelwesen dazu auserkoren, Tugenden, Helden oder Götter zu verkörpern. In Ägypten standen Tiere sinnbildlich für die als göttlich betrachteten Kräfte der Natur: Hathor, die Göttin der Freude und der Liebe, wurde von einer Kuh verkörpert; der Sonnengott Horus von einem Falken; der Totengott Anubis von einem Schakal. Sphinxe, Löwen mit Menschenkopf, bewachen die Totenstädte. Die Assyrer machten den Löwen und den Stier zu Symbolen von Gut und Böse. In der griechischen Mythologie tauchen Fabeltiere auf, beispielsweise Pegasus, das geflügelte Pferd. Die Darstellung von Tierfiguren, insbesondere von Pferden, Hirschen und Raubvögeln, ist in Griechenland seit Ende des 9. Jahrhunderts bekannt. Im römischen Pantheon steht jedem Gott ein Tier zur Seite: Jupiter ein Adler, Juno ein Pfau, Minerva eine Eule, Diana eine Hirschkuh. Doch auch Pferde und Fische, Hähne und Enten, Tauben und Kaninchen sind in der römischen Bildhauerkunst vielfach vertreten.

In der christlichen Kunst zeigt sich Gott in Gestalt mehrerer Tiere wie dem Lamm, der Taube, dem Hirsch, dem Pfau oder dem Fisch. In der scholastischen Fauna des Mittelalters stehen Ungeheuer, Einhörner, Sphinxen, Greife, Zentauren und Sirenen Seite an Seite mit vertrauten Tieren wie Schafen, Kühen oder Widdern. Die Renaissance-Künstler beschäftigten sich wieder mit Themen aus der Antike und mit Allegorien, während die Barockgärten von Affen, Hunden und Molchen bevölkert sind, es in den Grotten vor sowohl Haus- als auch Raub- und Fabeltieren nur so wimmelt und Delphine und Seepferdchen sich in den Wasserbecken tummeln. Im 17. und 18. Jahrhundert stand die Darstellung von Tieren vielfach in Zusammenhang mit der allseits beliebten Jagd. Die Künstler schreckten auch vor der Darstellung von Szenen des Jagdrechts nicht zurück, in denen Pferde und Hunde Hirsche, Wildschweine oder Wölfe verfolgen.

Ab dem 19. Jahrhundert widmete man sich noch stärker der Präsentation von Tieren. Naturforscher wollten eine neue Arche Noah bevölkern. In den europäischen Metropolen entstanden Naturkundemuseen. Drei Kategorien von Tierskulpturen sind fortan zu unterscheiden: Einige Künstler widmeten sich heimischen Tieren wie Hühnern, Schafen, Eichhörnchen, Fröschen und Waldvögeln. Andere gaben, angeregt von der Mythologie, der Gesellschaft von Zentauren, Faunen oder Mänaden den Vorzug. Die dritte Kategorie schließlich wurde von eifrigen Besuchern der zoologischen Gärten bestückt, die auf wilde Tiere schwörten und damit eine Begeisterung an den Tag legten, die nicht zuletzt durch die kolonial geprägten Ausstellungen der Zwischenkriegszeit gefördert wurde.

RECHTE SEITE

Der Frosch oben links hat seinen Platz neben dem Bassin eingenommen. Die Jagdtrophäe oben rechts wirkt auf der Bank in keiner Weise deplatziert. Unten links naturgetreue Nachbildungen eines Hasen und mehrerer Kaninchen. Unten rechts dienen Hase und Schwein als Rankhilfe für Kletterpflanzen.

NACHFOLGENDE DOPPELSEITE

Auch Waldtiere können in Gärten heimisch werden, wie links zu sehen ist. Auf der rechten Seite bilden Kugeln und ein Weihwasserbecken aus Stein sowie gläserne Glocken ein nostalgisches Stillleben.

No. 939.

No. 945.

No. 938.

No. 937.

No. 940.

LINKS UND RECHTS

Aus dem Wald haben die Zwerge den Weg auf die Felder und in die Werkstätten gefunden, wovon Mühlen, Pilze, Brunnen und kleine Häuschen zeugen.

Gartenzwerge

LINKE SEITE

Eine Reihe bärtiger Zwerge mit Zipfelmützen aus einem deutschen Versandhauskatalog von 1897.

Für die Herkunft der Gartenzwerge sind zwei Legenden im Umlauf. Die eine geht auf die griechische Mythologie zurück. Danach wurde der von seinen Eltern Aphrodite und Dionysos ausgesetzte Priapos zum Gott der Fruchtbarkeit und der Gärten. Die zweite Legende speist sich aus den nordischen Sagen rund um die Götter Wodan und Thor. Die Zwerge, so heißt es, lebten unter der Erde, wo sie bei der Bearbeitung von Metallen und beim Abbau von Edelsteinen gute Dienste taten und vor allem Helme und Schwerter schmiedeten. Eines Tages aber kamen sie aus der Erde hervor und ließen sich in den Wäldern nieder. Als Maurer, Zimmerer, Töpfer oder Schuster arbeiteten sie hart und landeten schließlich in den Gärten.

Die ersten Gartenzwerge wurden im 19. Jahrhundert in Deutschland gefertigt. Bekannt wurden sie durch August Heissner, der 1872 im thüringischen Gräfenroda eine Manufaktur für emaillierte Keramikgartenzwerge gründete. Die Idee war erfolgreich, sodass Heissner seine Waren ab den Zwanzigerjahren in großem Umfang auch ins Ausland absetzte, namentlich nach England und in die Vereinigten Staaten bis hin nach San Francisco. Walt Disney schließlich bannte die kleinen Kreaturen auf Zelluloid – Schneewittchen hat maßgeblich dazu beigetragen, dass alle Kinder eine Vorstellung davon haben, was Zwerge eigentlich sind.

Damals nahm die Fabrikation eines Keramikzwergs zwei Wochen in Anspruch; für das heutige PVC-Modell werden gerade mal acht Minuten benötigt. Bei Heissner, dessen Katalog über 200 Modelle umfasste, wurde noch jedes Einzelstück geformt, gebrannt, zum Erkalten gebracht und mit Email überzogen. So hielt man es auch in anderen fachmännisch arbeitenden Fabriken, die in Schlesien, Osteuropa oder in Frankreich entstanden. Irgendwann sprangen allerdings viele Nachahmer und Pfuscher aus Asien, Polen und der Tschechischen Republik auf den Zug auf. Gartenzwerge gibt es auch aus Stein oder Holz, vor allem in den bewaldeten Gegenden Mitteleuropas. Jeder Zwerg hat seinen Charakter und Ausdruck, seine Kleidung

FÜR FLOHMARKTGÄNGER UND ANTIQUITÄTENLIEBHABER

Ein alter Gartenzwerg aus Keramik, der in gutem Zustand ist, hat seinen Preis. Auf mögliche Bruchstellen und Risse ist ebenso zu achten wie auf gut kaschierte Restaurierungen. Auch manche grob geschnitzten und unbemalten Holzzwerge haben ihre Liebhaber.

LINKS

Aus diesem bescheidenen alten Zwerg, der Wind und Wetter standgehalten hat, spricht die Herbstmelancholie, der er mit einem Besen zum Zusammenfegen des Laubs zu begegnen scheint.

und seine Requisiten. Häufig tragen sie das typische Werkzeug oder Zubehör des Berufs oder der Sportart, die sie ausüben (Klettern, Fliegen) oder die Ausstattung für ihr Lieblingshobby (Musik machen, Bier trinken, wippen und campen) und die Feste, die sie feiern, allen voran Weihnachten. Heutige Hersteller passen sie auch zwanglos dem Zeitgeist an und lassen sie an neueren Sportarten wie dem Surfen teilhaben. Häufig sind sie auch in Begleitung ihrer Lieblingstiere anzutreffen – Eichhörnchen, Fische und Vögel –, mit denen sie ihren Beschäftigungen nachgehen. Wegen der großen Nachfrage gibt es mittlerweile auch eine Fülle an Accessoires eigens für den Komfort und zum Amüsement der Zwerge: Häuser, Mühlen, Brunnen, Autos, Karren und sogar Raumschiffe.
In Deutschland, wo in jedem zweiten Garten ein Zwerg steht, in England, Kanada, Südamerika und Brasilien erfreuen sich Gartenzwerge großer Beliebtheit. Frankreich, Italien und Spanien sind diesbezüglich zurückhaltender, doch auch hier haben Entführungen und Befreiungsligen ihnen zu Popularität verholfen.

RECHTE SEITE

Oben links versinken bärtige Gartenzwerge mit Puppengesicht im Erdreich.
Bei dem ausdrucksstarken Gnom aus Marmor (Salzburg, um 1715) oben rechts handelt es sich möglicherweise um den Vorläufer der Gartenzwerge.
Unten links ist zu sehen, dass Zwerge gern musizieren.
Unten rechts sorgt ein liebenswürdiger Anglerzwerg am Rand eines Wasserbeckens für eine humorvolle Note.

UNTEN

In der Fantasiewelt ist nicht immer alles maßstabsgerecht. Da stört es nicht weiter, dass die Schnecke in ihrer Größe dem Pelikan ebenbürtig ist.

Brunnen

LINKE SEITE

Am Ende des Gartens schöpft man aus diesem Brunnen, der in eine kleine Mauer eingelassen ist, Wasser für Topfblumen.

Im alten Griechenland hatten Brunnen, in denen die Nymphen Zuflucht suchten, eine religiöse Konnotation. Als Alexander der Große Persien eroberte, entdeckte er dort zauberhafte Gärten, die ihre Wirkung auf das Abendland nicht verfehlten. Nach und nach verloren die Brunnen ihre religiöse Bedeutung und verwandelten sich in ein dekoratives Element. In den Gärten römischer Villen etwa stehen sie an der Wand in einer Art Nische, die von Mosaiken und Skulpturen umrahmt ist; ferner findet man sie auf Sockeln stehend. Mittelalterliche Illustrationen von umfriedeten Gärten zeigen den Brunnen in Gestalt eines einfachen Beckens oder einer relativ großen Skulptur als einziges dekoratives Element. Er steht in der Mitte des Gartens und lädt zur Meditation ein.

Die größten Brunnenbauer aller Zeiten aber waren die Araber. Ihre Kunst entstammte der Notwendigkeit, noch das kleinste Rinnsal bestmöglich zu nutzen. Als zentrales Element eines symmetrisch gestalteten Gartens präsentiert sich der Brunnen als Marmorbecken am Boden oder auf einem Sockel inmitten eines kleinen Beckens, das sich an einer Wegkreuzung oder am Schnittpunkt zweier Kanäle befindet. Als die Araber im 7. Jahrhundert in Nordafrika und im Jahrhundert darauf in Spanien einfielen, brachten sie ihr einzigartiges Wissen mit, das in den herrlichen Gärten von Alcázar in Sevilla und in der Alhambra von Granada, namentlich mit den Brunnen im Löwen- und im Myrtenhof, seinen Niederschlag fand.

Als nicht minder eindrucksvoll, wenn auch gänzlich anders, erweist sich das Können der italienischen Brunnenbauer aus der Renaissance. In der

OBEN

Aus der verrosteten Hundeschnauze ergießt sich plätschernd das Wasser.

RECHTS

Eine alte Kolbenpumpe, wie man sie zu Beginn des 20. Jahrhunderts auf öffentlichen Plätzen fand.

GANZ RECHTS

Mit Patina überzogene Steinplatte und Becken für einen schlichten Brunnen.

FÜR FLOHMARKTGÄNGER
UND ANTIQUITÄTENLIEBHABER

Wenige Antiquitätenhändler führen noch Brunnen aus dem 18. Jahrhundert, die allerdings ihren Preis haben. Bei vielen Brunnen handelt es sich um Reproduktionen, oft aus dem 19. Jahrhundert, als generell viele Nachahmungen entstanden, bisweilen aber auch aus dem 20. Jahrhundert oder sogar aus heutiger Zeit. Man achte auf Motiv, Machart, Qualität und Material. Manche Reproduktionen sind in sehr gutem Zustand, andere zeigen Spuren unsachgemäßer Behandlung. Vorsicht bei zu weichem Gestein, das sich rasch abnutzt.
Ein Trick, um künstliche Patina von echter zu unterscheiden: Die künstliche ist über das ganze Objekt verteilt. Manche Teile gusseiserner Brunnen aus dem 19. Jahrhundert wurden vom Eisengießer mit einem Stempel versehen. Bei Altwarenhändlern stößt man mitunter auch auf Brunnenschächte, Zisternen, Badewannen oder Weihwasserbecken, die man zu Brunnen umfunktionieren kann.

Gegend um Rom und Florenz, wo Wasser reichlich vorhanden ist und es funktionierende Bewässerungssysteme gibt, zeigt sich der Geist der Renaissance in den mächtigen Fontänen, die in der Villa d'Este in der Allee der hundert Brunnen in den Himmel reichen, in der riesigen Kaskade entlang der Treppen zum neapolitanischen Palast von Caserta und in den großen Bassins, in denen sich die Wasserspiele der Villa Lante spiegeln.
Die französischen Gärten, in denen das Wasser, verglichen mit den italienischen, spärlicher fließt und die in der Regel in flacherem Gelände errichtet werden, zeichnen sich durch Bassins mit ruhendem Wasser aus, die von einem weit verzweigten Kanalsystem gespeist werden. Dennoch finden sich auch hier zahlreiche Brunnen und vor allem Wasserspiele. In Versailles arbeitete eine kleine Gruppe von Architekten, Wasserbauingenieuren und Bildhauern ein halbes Jahrhundert an der Umsetzung der Pläne von Le Nôtre zur Gestaltung des Gartens und seiner Wasserbecken. 1689 gab es so viele Fontänen, dass deren Besichtigung sich über einen Tag hinzog. Die Wasserversorgung in Versailles gestaltete sich jedoch nach wie vor problematisch, sodass die 1400 Fontänen nicht gleichzeitig funktionierten. Wenn der König spazieren ging, wurden sie in Gang gesetzt, und sobald er vorübergegangen war, wieder abgeschaltet.
In Sanssouci verzichtete Friedrich II. 1780 schließlich nach vergeblichen kostspieligen Baumaßnahmen auf Fontänen. Erst 1842 realisierte Friedrich Wilhelm IV. die Ideen seines Onkels: Am 23. Oktober sprudelte die große Fontäne unterhalb der Terrassen von Sanssouci zum ersten Mal.
Von der Mitte des 18. bis zu Beginn des 19. Jahrhunderts tauchte Wasser in den Gärten in Form von Bächen und natürlichen Schwimmbecken auf, denn die Gärtner hielten Springbrunnen für überholt. Anfang des 19. Jahrhunderts aber gab es diese wieder mannigfach: In den damaligen Katalogen finden sich unter anderen ägyptische, etruskische, maurische, klassische und rustikale Brunnen. Alle Materialien waren erlaubt: Gusseisen, Blei, Bronze, Zink, Marmor, Stein oder Werkstein. Zu dieser Serienproduktion, die bis heute fortdauert, gesellen sich seit dem Zweiten Weltkrieg ausgefallene, von Künstlern angefertigte Einzelstücke.

OBEN

Beim Anblick des steinernen Wasserbeckens in dem kleinen Bassin stellt sich ein Gefühl der Erfrischung ein.

RECHTE SEITE

Der alte Brunnen aus provenzalischem Stein oben links ist ganz in die Wand eingelassen. Oben rechts fließt das Wasser durch einen Wasserspeier in Form eines geflügelten Delphins von einem Becken ins nächste. Das mythologische Tier war während der Renaissance sehr beliebt und ist in Grotten und Anlagen im Rocaille-Stil häufig zu sehen.
Unten fließt das Wasser aus einem Löwenkopf in eine Muschel, von wo aus es in ein halbrundes Becken läuft. Der ungewöhnliche Brunnen ist an einer Steinmauer angebracht.

Nützliche Adressen

Gartenelemente

Holzkomplett
Dorfstraße 75
04838 Schöna
Telefon: 034244 51 478
Fax: 034244 60 409
www.holzkomplett.de
mailbox@holzkomplett.de
Holzkomplett.de ist ein interaktiver Holzfachhandel mit vielen verschiedenen Gartenmöbeln und Gartendekorationen.

Staudengärtnerei am Dominikus
Kurhausstraße 30–34
13467 Berlin
Telefon: 030 40 51 513
Fax: 030 25 238
Neben einem schönen Staudensortiment ständig kleine, aber feine Auswahl an historischem Werkzeug, Gartenmöbeln und Schmiedeeisen. Schwerpunkt auf Eisen.

WOOD, STEEL & MORE
Ohlstedter Straße 17
22947 Ammersbek
Telefon: 040 60 90 100
Fax: 040 60 90 020
www.woodsteel.de
info@woodsteel.de
Schöne Dinge für Haus und Garten.

Klinker Freizeitmöbel
Kattenhunder Weg 151
24837 Schleswig
Telefon: 04621 5055
Fax: 04621 95 35 40
www.klinker-freizeitmoebel.de
info@klinker-freizeitmoebel.de

florent home & garden
Potsdamer Straße 148 a
33719 Bielefeld
Telefon: 0521 30 58 070
Fax: 0521 30 58 0717
www.florent-online.de
grewe@florent-online.de

JR SB Möbelmarkt GMBH
Gartenmöbelcenter
Druseltalstraße 1 b
34131 Kassel
Telefon: 0561 98 15 30
Fax: 0561 98 15 345
www.gartenmoebel-center.de
info@gartenmoebel-center.de
Gartenmöbel der Firmen: Kettler, Herlag, MWH, Kettal, Triconfort, Fischer-Möbel, MBM, Val-Eur und Sonnenpartner.

Stilgarten
Dinxperloer Straße 125
46399 Bocholt
Telefon: 02871 48 75 02
Fax: 02871 48 75 03
www.stilgarten.com
mail@stilgarten.com
Pavillons, gusseiserne Objekte und weitere ansprechende Details für Ihren Garten finden Sie bei Stilgarten.com.

H & G – Die Haus & Garten Galerie
Sinninger Straße 44
48282 Emsdetten
Telefon: 02572 95 27 24
Fax: 02572 98 288
www.hug-galerie.com
info@hug-galerie.com
Skulpturen, Wasserspeier, Brunnen, Museumsreplikate und zeitgenössische Kunst.

Renate Weber – Exclusive Architektur- und Gartenornamente
Liszthof 10
49076 Osnabrück
Telefon: 0541 65 127
Fax: 0541 65 784
www.renate-weber.de
mail@renate-weber.de
Vasen, Urnen, Brunnen, Figuren, Balustraden, Säulen etc. handgefertigt aus Kalksandstein nach historischen Vorbildern.

Unopiù
Am Dornbusch 24–26
64390 Erzhausen
Telefon: 06150 97 530
Fax: 06150 91 52 91
www.unopiu.de
unopiu@t-online.de
Versand von Produkten aus zeitlosen Materialien, nach altbewährter Art hergestellt.

Firma Leetz
Maximilianstraße 166
75172 Pforzheim
Telefon: 07231 41 51 63
Fax: 07231 41 51 64
www.firma-leetz.de
info@firma-leetz.de

Staudengärtnerei und Terra-Cottage
Gräfin von Zeppelin
Weinstraße 1
79295 Laufen
Telefon: 07634 69 717
Fax: 07634 6599
www.graefin-v-zeppelin.com
info@graefin-v-zeppelin.com
Exclusive Gartenmöbel, englische und holländische Gartengeräte, Terrakotta, Accessoires für den gehobenen ländlichen Lebensstil und Garten-Fachliteratur.

www.exclusivgarten.de
Lange Straße 14
79348 Freiamt
Telefon: 07645 1760
Fax: 07645 1209
www.exclusivgarten.de
klumb@exclusivgarten.de
Kleines feines Fachgeschäft für edle Wohnkultur im Garten mit starker Internet-Präsenz, Schwerpunkt ausgesuchte Gartenmöbel für den anspruchsvollen Kunden.

Cool Products Markus Sturm
Spatzenlohweg 16
82054 Sauerlach
Telefon: 08104 63 98 29
Fax: 08104 88 72 68
www.gartenstuhl.biz
info@gartenstuhl.biz
Traumhafte Möbel für Haus, Terrasse und Garten. Gartenmöbel, Kolonialmöbel, Mosaiktische, Terrakotta und Geschenkartikel.

Rattania
Lilenthalstraße 14
85375 Neufahrn
Telefon: 08165 66 666
Fax: 08165 66 690
www.rattania.de
info@rattania.de

Historische Bauelemente

Historische Bauelemente Olaf Elias
Bärenklauer Weg 2
16727 Marwitz
Telefon: 03304 50 22 42
www.historisches-baumaterial.de

Historische Baustoffe Ingo Selent
Hausberger Straße 9 a
32457 Porta Westfalica
Telefon: 0571 91 19 283
www.historische-baustoffe-selent.de

Schaar Historische Baustoffe
Geilingsweg 7
47506 Neukirchen-Vluyn
Telefon: 02845 32 184
www.schaar-historische-baustoffe.de

Casa Verde GmbH
Franckensteinstraße 1
77749 Hohberg/Hofweier
Telefon: 07808 94 930
www.casaverdegmbh.de

Historischer Baumarkt
Mauchener Straße 10
79379 Müllheim
Telefon: 07631 17 08 17
www.historischer-baumarkt.de

habit Arte – Georgia Wittmaack
Schauerstraße 7
80638 München
Telefon: 089 17 16 07
www.habit-arte.com

Antikwerk Marc Pollack
Gut Glaserhof
86488 Breitenthal
Telefon: 08282 82 87 41
www.antikwerk.com

Flohmärkte

Baden-Baden – Flohmarkt in der Kaiserallee
Ende April bis Mitte Oktober, jeweils Samstag von 8.00 bis 16.00 Uhr (insgesamt siebenmal).

Basel – Flohmarkt auf dem Petersplatz
Jeden Samstag von 7.30 bis 16.00 Uhr.

Berlin – Straße des 17. Juni
Jeden Samstag und Sonntag von 11.00 bis 17.00 Uhr.

Bremen – Bürgerweide
Jeden Sonntag von 7.00 bis 14.00 Uhr.

Bremen – Weserflohmarkt
Jeden Samstag von 8.00 bis 14.00 Uhr. Weserpromenade in der Innenstadt.

Dresden – Elbmarkt
Jeden Samstag (April bis Dezember) von 8.00 bis 14.00 Uhr. Elbufer (Käthe-Kollwitz-Ufer), unterhalb der Albertbrücke.

Frankfurt – Schaumainkai
Jeden Samstag von 8.00 bis 14.00 Uhr. Museumsufer Schaumainkai zwischen Alter Brücke und Holbeinsteg.

Genf – Trödelmarkt
Jeden Mittwoch und Samstag von 8.00 bis 18.00 Uhr. Ort: Plaine de Plainpalais, Innenstadt.

Graz – Fetzenmarkt
Jeweils zwei Tage im März, August, September und November. Genaue Termine erfragen bei der Marktverwaltung Graz, Telefon: 0043 316 872 5202. Ort: Grazer Messegelände.

Kassel – Messehallen
Einmal pro Monat (Samstag und Sonntag) von 10.00 bis 17.00 Uhr.

Keferloh bei München – Markt
Jeden ersten Sonntag im Monat, außer im Dezember und Januar, von 6.00 bis 18.00 Uhr. Gasthof Kreitmair in 85630 Keferloh.

München – Antikpalast
Donnerstag 14.00 bis 19.00 Uhr,
Freitag 10.00 bis 19.00 Uhr,
Samstag 10.00 bis 18.00 Uhr.
Rosenheimer Straße 143.

Wien – Naschmarkt
Jeden Samstag von 6.00 bis 13.00 Uhr.

Zürich – Flohmarkt am Bürkliplatz
Von Mai bis Oktober jeden Samstag von 6.00 bis 15.30 Uhr.

Bibliographie

Zeitschriften

Aladin, Nr. 131, Mai 1999

Antiquités brocante, Nr. 54, Juni 2002

Bildbände

Decorating Eden, Elizabeth Wilkinson und Marjorie Henderson, Chronicle Books, 1992

Email für Haushalt und Küche, Brigitte ten Kate-von Eicken, Hädecke, 1987

Idées de charme pour le jardin, Lucien Cassat und Michel Racine, Rustica, 2000

Klassischer Gartenschmuck, George Plumptre, Christian Verlag, 1990

Les nains de jardin, nous voici, nous voilà, F. Crestin-Billet, 1997

Lloyd Loom, Lee J. Curtis, Orbis, 2002

Mobilier de jardin, Éditions du Patrimoine

Vom Zauber alter Gartengeräte, Suzanne Slesin, Guillaume Pellerin, Stafford Cliff u. a., DuMont, 1997

Wire, Suzanne Slesin, Daniel Rozensztroch u. a., Abbeville Press, 1994

Danksagungen

Der Verlag dankt all denen, die ihn bei der Herausgabe dieses Buches unterstützt haben, allen voran Inès Sarramon, deren Geduld und Freundlichkeit nie nachgelassen haben.
Unser besonderer Dank gilt den Antiquitätenhändlern von den Märkten in Saint-Ouen, die so freundlich waren, ihre Schätze Christian Sarramon und Bertrande de Ladoucette, der Organisatorin der Antiquitätenmesse von Viels-Maisons, zur Verfügung zu stellen, sowie den Ausstellern des Salon Art du Jardin in Paris.

Christian Sarramon sagt all denen seinen herzlichen Dank, die ihm seit Jahren freundlicherweise Zugang zu ihren Gärten gewähren, insbesondere Louis Benech, Safia Bendali, Élisabeth Bourgeois, Jean-Jacques Bourgeois, Élisabeth Brac de La Perrière, Sir Terence Conran, Madame Cruze, Dominique Deniau, Mireille Dasana, Michel und Christine Guérard, Arend Jan van der Horst, France Loebb, Olivier Massart, Chris O'Byrne, Hervé Thibault, William Thuillier, Christian Tortu, Fabienne Villacreces sowie Jean-Michel Gelly, der ihm einige sehr schöne Objekte aus seinen Sammlungen zur Verfügung gestellt hat.